7大類36種健康食物 108道美味料理

超級排毒食物
排行榜

陳彥甫營養師

著作

排毒好水果

排毒好蔬菜

排毒好雜糧

排毒好堅果

天然好食材，啟動人體排毒機制

書田診所家醫科主任醫師　何一成

人體新陳代謝的產物，在正常情況下，會隨著消化及排泄系統帶出體外，但這些廢物若沒有及時排出，累積在體內，就會成為所謂的「毒素」，毒素停留在人體內的時間越長，對健康的傷害也就越大。

現代人的生活忙碌、壓力沉重，飲食也常不均衡，因此外食族普遍有纖維質攝取不足的現象。

腸道中的廢棄物，若長時間滯留，就會造成腸道老化，導致便祕，毒素再被腸道吸收，甚至會增加罹患大腸癌、潰瘍性結腸炎及各種疾病的風險。

我們每天吃進口中的食物，對健康造成直接且長遠的影響，也連帶影響人體代謝功能的運作。

足量的膳食纖維是腸道排毒的最佳幫手，不僅能促進腸胃蠕動，將體內的毒素掃除，還能誘導有益菌群的充分繁殖，以維護腸道黏膜的健康。體內環保做得好，新陳代謝也會因此改善，整個人也會變得神清氣爽，充滿活力！

健康，是我們一輩子的財富，擁有健康，才能享受幸福的人生。因此，「排毒」成為生活中刻不容緩的大事！本書匯整了近40種特效排毒蔬果，以最天然的食療法，幫您清除體內毒素，增強免疫力。

想要當一位健康達人嗎？本書就是您最好的良師益友，解決關於食材的迷思與疑惑，幫助您和親愛的家人達到「排毒、解毒、防病、治病」的終極目標。

何一成 醫師

現職
◉ 書田診所家醫科主任醫師

學歷
◉ 國立陽明大學醫學系畢業　◉ 國立陽明大學傳統醫藥研究所碩士

經歷
◉ 前台北榮總醫師　　　　　◉ 前省立桃園醫院 總醫師
◉ 前衛生署台北醫院 主治醫師　◉ 世界抗衰老醫學會會員
◉ 家庭醫學專科醫師　　　　◉ 中華民國醫師高等考試及格

代表著作
◉《糖尿病就要這樣吃》　　　◉《高血壓就要這樣吃》
◉《降低高血壓保健食譜》　　◉《8週降低膽固醇食療事典》
◉《8週降低高血壓食療事典》　◉《心血管病防治特效食譜》
◉《生病了，就要這樣吃》　　◉《酸鹼平衡特效食譜》
◉《完美抗老特效食譜》

【作者序】

掌握排毒飲食關鍵，享受樂活人生

聯合營養諮詢中心營養師　陳彥甫

　　由於環境的變遷與生活習慣的改變，外界的毒素和自體產生的代謝廢物，在人體中迅速地累積；加上營養素攝取不均衡、人們忽略排毒的重要性，導致各種疾病如雨後春筍般出現，嚴重危害人體健康。

　　腸道，是人體排毒的重要途徑，腸道若老化，人不只容易生病，肌膚問題也會應運而生。而決定腸道健康與否的因素，除了生活作息、壓力之外，和飲食也有密不可分的關係。

　　囤積在體內的毒素，短時間或許看不出對人體的影響，但日積月累之下，必然會對人體造成傷害，輕者導致器官病變、腸道老化，重者甚至會引發可怕的癌症。

　　藉由天然、高纖的排毒飲食，不僅能活化腸道、遠離疾病，還能達到瘦身美容的功效。

　　本書精心為讀者選擇36種特效排毒食材，分門別類為水果、蔬菜、根莖、菇蕈、雜糧堅果、海藻及奶類7個項目，完整呈現各個食材的保健功效、食用宜忌、營養知識，以及108道兼具排毒和健胃整腸功效的美味食譜。

　　專業且實用的內容，既能滿足大眾追求新知的渴望，簡單美味的食譜，在家就能輕鬆料理，既能省時間又能省荷包，讓您吃得安心又健康，輕鬆啟動人體排毒功能，還原美好腸相。

　　「民以食為天」，飲食習慣攸關一生的健康與幸福，而健康飲食的智慧，就蘊含在日常三餐之中。筆者希望藉由本書，幫助讀者在選擇「吃」的方面有所依據，為全家人的飲食安全把關，享受清爽無負擔的活力人生！

陳彥甫 營養師

學歷&經歷
　輔仁大學食品科學碩士　　　基督教醫院營養師
　美商蓋曼群島商然健環球股份有限公司 產品顧問

證照
　專技高考營養師
　保健食品初級工程師能力鑑定 及格
　素食廚師　丙級執照　　　　美容師　丙級執照

現職
　聯合營養諮詢中心 營養師
　老人長期照顧中心 營養師
　威瑞生物科技股份有限公司 營養講師
　立功補習班營養師證照班 公共衛生營養學講師

代表著作
　《腸道排毒這樣吃效果佳》
　《超級防癌食物排行榜》
　《超級健康食物排行榜》
　《清腸排毒食物功效速查圖典》

2 【推薦序】天然好食材，啟動人體排毒機制　　何一成

3 【作者序】掌握排毒飲食關鍵，享受樂活人生　　陳彥甫

6 【超級排毒食物排行榜】

Part 1 **新鮮水果類**

10 木瓜
　　◉ 木瓜牛奶　　　　◉ 青木瓜排骨湯
　　◉ 木瓜鱸魚湯

14 蘋果
　　◉ 蘆薈蘋果汁　　　◉ 蘋果肉片湯
　　◉ 蘋果黃瓜吐司卷

18 葡萄
　　◉ 鳳梨葡萄蜜　　　◉ 葡萄乾蒸枸杞
　　◉ 葡萄果醬

22 香蕉
　　◉ 香蕉橙奶　　　　◉ 香蕉糯米粥
　　◉ 香蕉蛋糕

26 草莓
　　◉ 蜂蜜紅莓檸檬汁　◉ 草莓牛奶燕麥粥
　　◉ 草莓酪梨手卷

30 櫻桃
　　◉ 櫻桃蝦仁沙拉　　◉ 櫻桃鮮蔬卷
　　◉ 黑森林櫻桃果醬

Part 2 **葉菜蔬菜類**

34 番薯葉
　　◉ 蒜炒番薯葉　　　◉ 番薯葉魩仔魚
　　◉ 番薯葉豆腐羹

38 白菜
　　◉ 醬燒白菜　　　　◉ 香菇燴白菜
　　◉ 熱炒木耳白菜

42 菠菜
　　◉ 菠菜涼拌蟹肉絲　◉ 菠菜炒雞蛋
　　◉ 魩仔魚拌菠菜

46 芹菜
　　◉ 芹菜涼拌蒟蒻　　◉ 腰果炒西芹
　　◉ 西芹番茄湯

50 韭菜
　　◉ 韭菜溫泉蛋　　　◉ 韭菜炒魷魚
　　◉ 韭菜拌核桃

54 高麗菜
　　◉ 蜜香葡萄果菜汁　◉ 高麗菜炒鮮菇
　　◉ 豆腐高麗菜卷

Part 3 **花果根莖類**

58 番薯
　　◉ 黃金甘薯粥　　　◉ 銀耳甜薯湯
　　◉ 花生番薯湯

62 南瓜
　　◉ 南瓜優格沙拉　　◉ 健康南瓜粥
　　◉ 南瓜燉肉

66 苦瓜
　　◉ 酸辣苦瓜　　　　◉ 鳳梨燜苦瓜
　　◉ 苦瓜蘑菇豆腐湯

70 番茄
　　◉ 番茄多多　　　　◉ 紅豔番茄水果盤
　　◉ 紅茄蔬菜湯

74 洋蔥
　　◉ 柴魚洋蔥拌鮪魚　◉ 鮮蔬豆腐湯
　　◉ 番茄豆腐洋蔥沙拉

78 花椰菜
　　◉ 涼拌花椰菜　　　◉ 綠花椰炒肉片
　　◉ 紅酒燉牛肉

82 **蘿蔔**
- 黃豆拌蘿蔔絲
- 紅蘿蔔竹筍湯
- 紅蘿蔔煎餅

86 **蘆筍**
- 素炒什錦
- 三絲炒蘆筍
- 蘆筍炒蝦仁

Part 4 **鮮美菇蕈類**

90 **香菇**
- 冬菇燴玉米筍
- 香菇燴青江菜
- 香菇紅麴海鮮飯

94 **蘑菇**
- 蘑菇蔥燒馬鈴薯
- 蘑菇雞湯
- 蘑菇炒雙椒

98 **木耳**
- 辣炒木耳
- 木耳炒豆包
- 冰糖銀耳蓮藕

Part 5 **雜糧堅果類**

102 **芝麻**
- 香烤堅果香蕉
- 醋溜白帶魚
- 麻醬拌白菜

106 **核桃**
- 蜜汁核桃
- 核桃蓮子粥
- 核桃芡實粥

110 **綠豆**
- 芝麻綠豆飯
- 山楂紅棗綠豆湯
- 冰糖綠豆糯米粥

114 **黑豆**
- 黑豆蜜茶
- 豆豆粥
- 黑豆豬腳湯

118 **糙米**
- 養生糙米漿
- 排骨糙米飯
- 糙米炊飯

122 **薏仁**
- 紅豆薏仁紫米粥
- 薏仁鯽魚湯
- 高粱薏仁鮮蔬飯

126 **黃豆**
- 醋漬黃豆
- 黃豆涼拌海帶
- 黃豆燉牛肉

130 **燕麥**
- 燕麥奶茶
- 紅豆燕麥粥
- 茭白筍燕麥粥

Part 6 **高纖海藻類**

134 **紫菜**
- 紫菜皮蛋豆腐
- 紫菜芝麻飯
- 紫菜豆腐湯

138 **海帶**
- 涼拌海帶絲
- 紅蘿蔔海帶湯
- 海帶燒肉

142 **裙帶菜**
- 海菜炒什錦
- 蛤蜊裙帶菜湯
- 海菜蒸蛋

Part 7 **營養奶類**

146 **牛奶**
- 番薯牛奶
- 鮮奶燉銀耳花生
- 奶香草菇燉花菜

150 **優格**
- 優格番茄汁
- 草莓優格吐司
- 優格水果沙拉

154 **【附錄】**
排毒食材適用&食用方式速查表

超級排毒食物排行榜

新鮮水果類

食物名	排毒有效成分	保健功效
木瓜	維生素B₁、B₂、C、鐵、木瓜酵素、膳食纖維	通便、助消化、降血壓，治療胃痛、消化不良，以及大、小便不順；有助於人體分解肉類蛋白質，加速消化和吸收人體內的食物，調養腸胃
蘋果	果膠、膳食纖維、鉀、蘋果酸	促進腸胃蠕動、軟化大便、清除宿便，具有預防和緩解便祕的作用，維持腸道健康；具利尿作用，加速人體新陳代謝
葡萄	類黃酮、膳食纖維、多酚、花青素、有機酸、維生素C	幫助消化、抗衰老、促進排毒；有補血、開胃、利尿的作用，能加速體內新陳代謝
香蕉	果膠、膳食纖維、鉀、維生素B群	促進腸道蠕動、幫助排便順暢，有效緩解習慣性便祕；增進腸道健康，有利於腸道益菌的生長，幫助體內環保
草莓	膳食纖維、維生素C、果膠、鞣花酸	幫助消化、清理腸胃、排除宿便，減少人體對有毒物質的吸收
櫻桃	花青素、前花青素、維生素B群、C、礦物質	清除毒素，使肌膚光滑、潤澤，有效抵抗黑色素的形成，幫助人體細胞更易吸收營養並排除廢物；有效排除腎臟多餘的水分和毒素

葉菜蔬菜類

食物名	排毒有效成分	保健功效
番薯葉	膳食纖維、花青素、多酚、蛋白質、維生素A、B群、C、礦物質	促進腸胃蠕動，幫助排便並預防便祕；補充肝臟所需的維生素，維持肝功能正常，充分發揮排毒作用
白菜	膳食纖維、維生素B群、C、礦物質、胡蘿蔔素	促進腸道蠕動，幫助排便、降火氣，有效預防便祕，使廢物和毒素排出體外，增強新陳代謝，加速排毒
菠菜	膳食纖維、礦物質、維生素A、C	刺激腸胃道蠕動和消化酵素的分泌、利於排便，能幫助消化、防止便祕，有效清理腸胃、幫助體內排毒
芹菜	膳食纖維、鉀	促進腸道蠕動、利尿消腫，減少體內水分的滯留
韭菜	膳食纖維、維生素A、B₁、鉀	有利整腸、消化和排便，減少有害物質積存在體內，有益於增強抗病能力，益於體內排毒
高麗菜	膳食纖維、維生素C、K、U、硫配醣體	減少體內廢物、健胃整腸，有效改善胃部疾病，預防便祕和痔瘡

花果根莖類

食物名	排毒有效成分	保健功效
番薯	膳食纖維、胺基酸、鉀、β-胡蘿蔔素、維生素C	緩解便祕、促進排便，使腸胃中累積的毒素排出，有助體內環保
南瓜	果膠、胡蘿蔔素、維生素B群、C、礦物質、膳食纖維	幫助腸胃蠕動，加速食物消化、吸收，減少宿便毒素對人體的危害，有很好的通便作用
苦瓜	膳食纖維、維生素B₁、C、苦瓜素	排毒解熱，清除腸道廢物、體內毒素，幫助排便順暢
番茄	果膠、酵素、維生素A、B₁、C、D、有機酸、礦物質	排除體內毒素，促進尿酸排泄，對淨化腎臟有極佳的功效；有整腸、健胃的作用，可改善便祕
洋蔥	槲皮素、膳食纖維、硫化物、維生素C	清除腸道中多餘的油脂，促進血液循環，清血排毒；刺激腸道蠕動，幫助排便順暢，可改善便祕、痔瘡
花椰菜	膳食纖維、類黃酮、維生素C	清除體內自由基和毒素，增強人體免疫力，對抗衰老；增強肝臟解毒能力、清除體內毒素，增強體質、提高抗病力
蘿蔔	芥辣素、維生素C、膳食纖維	加速排出體內的廢物，具有促進新陳代謝、清熱解毒、潤腸通便的作用，可改善便祕症狀
蘆筍	天門冬素、膳食纖維、維生素A、C、礦物質	降壓、利尿，幫助身體排出多餘水分；加強代謝、排除體內毒素、預防便祕

鮮美菇蕈類

食物名	排毒有效成分	保健功效
香菇	膳食纖維、維生素B群、C、礦物質、多醣類	促進腸道蠕動，幫助腸道積存的廢物排出，達到美顏的效果；加速脂肪和膽固醇分解，幫助代謝
蘑菇	膳食纖維、幾丁質、多醣類	促進腸道健康、幫助消化，改善便祕；淨化血液、提高身體免疫力、排除體內廢物
木耳	植物膠質、膳食纖維、多醣類	促進腸胃蠕動、防止便祕；加速腸道蠕動，減少體內脂肪的吸收，有利於排出廢物和毒素

雜糧堅果類

食物名	排毒有效成分	保健功效
芝麻	膳食纖維、油酸、亞麻油酸、次亞麻油酸	潤腸通便，有效緩解腸燥便祕
核桃	膳食纖維、亞麻油酸、次亞麻油酸、礦物質	潤滑腸道，刺激腸胃蠕動，助消化，預防便祕和痔瘡
綠豆	膳食纖維、蛋白質、維生素A、B$_1$、B$_2$、E、礦物質	利尿、清熱，幫助肝臟排毒，維護肝功能正常；加速血液循環、促進新陳代謝
黑豆	膳食纖維、礦物質、花青素	促進腸胃蠕動，預防便祕及其他腸胃問題，排除體內的脹氣與毒素，促進腸道健康；強化腎臟排毒功能
糙米	維生素B群、E、礦物質、酵素	促進體內新陳代謝並調節內分泌，排除人體代謝後產生的毒素、放射性物質等毒素；活化肝臟功能，促進血液循環
薏仁	膳食纖維、維生素B群、E、多醣類	促進腸道健康，幫助體內代謝正常，及時排除體內代謝的廢物，有效消除疲勞
黃豆	膳食纖維、礦物質、維生素E、異黃酮、皂苷	促進腸道消化；改善內分泌失調，加強體內脂肪代謝的功效
燕麥	β-葡聚醣、植物固醇、維生素E	促進腸道蠕動、幫助排便，避免腸道吸收多餘的毒素；清除對人體有害的自由基，防止肌膚老化

高纖海藻類

食物名	排毒有效成分	保健功效
紫菜	膳食纖維、維生素A、B群、礦物質	幫助清除體內毒素、排除宿便，加速腸道蠕動、預防便祕，有助於腸道健康
海帶	岩藻多醣、硫酸多醣、膳食纖維、膠質	形成具保護作用的凝膠狀物質，幫助清除體內有害的放射性元素；防止便祕，有很好的排毒作用
裙帶菜	膳食纖維、多醣類、海藻膠	清除腸道垃圾，緩解便祕；將血液中附著的鈉排出體外，有效幫助血液排毒

營養奶類

食物名	排毒有效成分	保健功效
牛奶	維生素E、礦物質	生津潤腸，有效潤腸通便
優格	益生菌、鈣	促進腸胃蠕動、幫助消化，預防因便祕而形成的皮膚黑斑，幫助人體由內而外地排毒

排毒特效
36種食物大公開

健康食物種類繁多，往往令人難以抉擇。
怎麼吃才能有效排毒？食用上有哪些宜忌要注意？
本書提供最速效的天然食材、最美味的烹調手法，
輕鬆幫您把關全家人的健康，享受元氣滿點的樂活人生！

木瓜

養胃防癌＋美顏健體

別　　名：番瓜、萬壽果、蓬生果
食療功效：助消化、提高抵抗力
〇 適用者：肥胖、消化不良者、
　　　　　　慢性胃炎患者、缺乳產婦
✗ 不適用者：孕婦、過敏體質者

木瓜食療效果

Q1 為什麼吃木瓜可以幫助體內排毒？

木瓜富含維生素B_1、B_2、C及鈣、鐵等礦物質，果實有通便、助消化、降血壓等功效，中醫食療常用於治療胃痛、消化不良，以及大、小便不順，能有效緩解症狀。

木瓜含有木瓜酵素，有助於人體分解肉類蛋白質，加速消化和吸收人體內的食物，調養腸胃；同時對於預防腸胃炎、胃潰瘍有不錯的效果。

Q2 吃木瓜為什麼能美膚、抗衰老？

木瓜含有多種營養素及人體必需的胺基酸，其中的木瓜酵素能分解並去除肌膚表面的老廢角質，愛美女性多吃，可以美膚、抗衰老。

中醫認為，木瓜味甘、性平，對於美膚、抗衰老尤其有效，其中所含的類胡蘿蔔素，是一種天然的抗氧化劑，能有效調節體內新陳代謝，維持肌膚健康。

Q3 吃木瓜有助於防癌、抗癌？

近來世界各國的臨床研究均指出，木瓜富含維生素C，可以抗氧化、保護細胞，對於防癌、抗癌有極佳的效果；另含有豐富的木瓜酵素，有益於肝臟解毒，對預防肝癌尤具功效。

木瓜富含類胡蘿蔔素，多吃木瓜的人，因為癌症而死亡的比率，比少吃木瓜的人明顯較低。

營養師的保健課

Q1 懷孕時不能吃木瓜？

✕ 錯

❶ 孕婦可以吃木瓜，只是不能多吃。

由於木瓜含有女性荷爾蒙，孕婦如果過量食用，容易干擾體內的荷爾蒙變化；不過，醫師也建議，每天吃半顆或是1顆熟木瓜，經由腸胃消化吸收後，其所產生的荷爾蒙量已相當低，要干擾孕婦荷爾蒙的機率，可說是微乎其微。

❷ 至於青木瓜或是中藥材的木瓜，孕婦則不適合食用，因為不只對胎兒的穩定度有害，還可能增加流產的風險。

Q2 吃木瓜能養肝、護肝？

○ 對

❶ 慢性肝病患者經常出現的消化功能減退症狀，如腹脹、食慾不振、消化不良等消化道不適的症狀，經常食用木瓜有助於改善。

❷ 木瓜有很好的養肝作用，這是因為其中含有豐富的維生素C，有利於增強肝臟的抗病能力，進而促進受損肝細胞的修復與再生。

❸ 木瓜有加快肝細胞修復、促進人體新陳代謝、降血壓等作用；肝病患者經常食用，可以達到養肝、護肝的效果。

營養師小叮嚀 木瓜生吃好還是熟吃好？

❶ 一般來說，木瓜生吃較能保留原有的營養成分；加熱後的木瓜，其原有的胡蘿蔔素、維生素、果酸等含量會大為降低，營養價值也大打折扣。

❷ 木瓜含有豐富的蛋白酶，可以幫助消滅體內部分細菌和蛔蟲，但是這種木瓜酶最怕高溫加熱，因此，生吃才能達到應有的保健效果。

木瓜的飲食宜忌Yes or No

Yes	○ 生木瓜或是半生的木瓜，可以和肉類一起燉煮，或是用來煮湯，在天冷時食用，能讓身體變得暖和，也有暖胃的功效。 ○ 飯後吃點木瓜，可以幫助腸胃消化，並促進脂肪分解，除了有減肥的效果外，對身體健康也很有幫助。
No	✕ 生木瓜對人體健康雖然有不少益處，但是其所含的番木瓜鹼有微毒，一次食用不宜過多，以免有害健康。 ✕ 木瓜偏寒涼，胃寒、體質較弱者不宜多吃，以免發生嘔吐、腹瀉等現象。

木瓜牛奶

增強體力＋防衰養顏

■ 材料
木瓜150克，牛奶150c.c.

■ 作法
1. 木瓜洗淨，去皮，切小塊備用。
2. 將作法1和牛奶放入果汁機中，攪拌約20秒後即可飲用。

為什麼能排毒？

　　每天喝一杯木瓜牛奶，可以讓皮膚水嫩；還能消除疲勞，改善便祕，促進體內排毒。

青木瓜排骨湯

滋補養身＋增強免疫

■ 材料
青木瓜1顆，小排骨220克，薑3片

■ 調味料
鹽2小匙，米酒2大匙

■ 作法
1. 青木瓜洗淨，去皮切塊；排骨洗淨汆燙。
2. 鍋中加水煮滾，加米酒、鹽和薑片，放入小排骨，以大火煮滾。
3. 轉小火將排骨燉爛，加青木瓜煮熟即可。

為什麼能排毒？

　　木瓜中的酵素能分解排骨中的蛋白質，易於被人體吸收；此道湯品具滋補效益，有助於提高人體免疫力。

木瓜鱸魚湯 ④人份

促進消化＋養顏美容

■ 材料

青木瓜450克，鱸魚500克，
薑4片，金華火腿100克，
水2000c.c.

■ 調味料

鹽少許

為什麼能排毒？

木瓜富含膳食纖維，有助腸
胃消化、排除體內毒素；鱸
魚中的蛋白質，能協助膠原
蛋白再生，可養顏美容。

■ 作法

❶ 鱸魚去除內臟，洗淨下油鍋，加入薑片，
煎至呈金黃色。

❷ 青木瓜去皮和籽，洗淨切塊；金華火腿切
薄片，加薑片爆炒5分鐘。

❸ 取鍋加水煮滾，加木瓜、鱸魚和火腿片，
煮滾後用小火燉2小時，加鹽調味即可。

蘋果

消除宿便＋強腎排毒

別　　名：林檎、沙果、文林果、陵果、
　　　　　柰果
食療功效：整腸、預防過敏、防癌、抗老
○ 適用者：腸道不順者、孕婦
✗ 不適用者：腎炎患者

蘋果食療效果

Q1　為什麼吃蘋果能幫助體內排毒、清除宿便？

蘋果含有大量的果膠，可以促進腸胃蠕動、軟化大便，具有預防和緩解便祕的
作用；食用後易有飽足感，如果再大量喝水，更有助於清除體內的宿便。
蘋果中的水溶性膳食纖維含量，比其他水果豐富，每天吃1顆蘋果，能有效清
除宿便，維持腸道健康；同時改善因為宿便而引起的肌膚問題，如容易黯沉、
長痘痘等。
蘋果當中的蘋果酸，能分解體內脂肪，避免過多脂肪留存體內；且當中的黃酮
類抗氧化物及多酚類物質，能預防肺癌、改善鉛中毒。

Q2　為什麼吃蘋果能利尿消腫？

蘋果含有豐富的鉀，可以緩解因攝取過量的鈉而引起的水腫，有利尿的作用，
同時能將體內的廢物和毒素排出，有利於減肥瘦身。
蘋果獨有的蘋果酸，可以加速人體新陳代謝，幫助排除下半身多餘的鹽分，有
效消除浮腫和脂肪，防止下半身肥胖。

Q3　吃蘋果能助腎排毒？

腎臟是人體排毒的重要器官，負責生成尿液，將血液中的水分和廢物排出體
外，而蘋果利尿效果佳，能清潔尿道，有助於腎臟排除泌尿系統的毒素。
水果中的高量鉀離子，可能危害腎臟健康，腎病患者需慎防食用高鉀水果；而
蘋果屬於低鉀水果，適合腎病患者食用，能幫助排尿並調節體內水分平衡。

營養師的保健課

Q1 蘋果上的蠟有害健康？

✗ 錯

❶ 蘋果上的蠟大致分為3種，其一是蘋果本身所帶有的一層果蠟，為脂類成分，可以有效防止農藥入侵果肉，產生保護的作用，對人體並無害處。

❷ 第2種是人工加上的食用蠟，萃取自螃蟹、貝殼等甲殼類動物，用於保鮮，並防止蘋果腐爛變質，對人體無害。

❸ 第3種是含有汞、鉛等化學物的工業蠟，可透過果皮滲進果肉，對人體有害，不宜食用。

Q2 吃蘋果能提高記憶力？

○ 對

❶ 蘋果含有豐富的鋅，是促進大腦功能的重要物質，日常飲食中的鋅攝取量若不足，記憶力容易衰退，也會出現注意力不集中的問題。

❷ 吃蘋果能提高乙醯膽鹼等必要神經傳導物質的含量，以改善因老化而引起的智力衰退，有助於遠離阿茲海默症。

❸ 蘋果富含維生素、脂質、醣類、礦物質等，是構成人體大腦所必需的營養成分，經常食用，對生長發育和增強記憶力，有很大的幫助。

營養師小叮嚀 蘋果怎麼吃更健康？

❶ 蘋果連皮吃最健康！根據國外研究顯示，蘋果的皮較果肉具有更強的抗氧化性，蘋果皮的抗氧化作用，比其他水果蔬菜都高，具有促進消化、緩解便祕的作用；同時還能控制血糖、預防高血壓，並降低心血管疾病、冠心病等慢性疾病的發病率。

❷ 蘋果削皮之後，會失去很多有利人體健康的維生素C、多酚類物質、黃酮類物質，及高營養價值的非水溶性膳食纖維，因此，不吃蘋果皮可說是一大損失。

蘋果的飲食宜忌Yes or No

Yes	○ 蘋果會釋放「乙烯」，具有催熟的作用，將奇異果、梨子等未成熟的水果，和蘋果放在一起，能加速其成熟的速度。 ○ 蘋果削皮或切開後，用鹽水浸泡或塗些檸檬汁，可保鮮並防止其氧化變色。
No	✗ 蘋果應該避免和成熟的蔬菜、水果放在一起，以免因為蘋果的催熟作用，使成熟的蔬菜、水果容易腐爛。 ✗ 在製作蘋果醬的加工過程中，由於需要加熱及添加不少糖分，以致熱量高且流失不少營養成分。

蘆薈蘋果汁

生津養神＋潤肌通腸

■ 材料
紅蘿蔔1根，蘋果1顆，蘆薈葉1/2片

■ 作法
❶ 材料洗淨；紅蘿蔔、蘋果去皮切塊；蘆薈葉去皮切片。
❷ 將所有材料放入果汁機中，打勻即可。

為什麼能排毒？
蘆薈中的酵素能幫助消化與代謝；蘆薈、紅蘿蔔中的膳食纖維能潤腸通便；蘋果中的果膠可活化腸道。

蘋果肉片湯

降低血壓＋維持活力

■ 材料
楊桃、蘋果各1顆，豬肉片100克，水4杯

■ 調味料
鹽1/2小匙

■ 作法
❶ 材料洗淨；蘋果去心，楊桃去硬邊，均切塊備用。
❷ 水煮滾，放入所有材料，5分鐘後轉中小火，再煮1小時。
❸ 起鍋前加鹽調味即可。

為什麼能排毒？
楊桃中的鉀，有助於細胞內外水分與鹽分的平衡，還可降低血壓；檸檬酸可促進消化，消除疲勞。

蘋果黃瓜吐司卷 ②人份

促進食慾＋排毒瘦身

■ 材料
蘋果150克，全麥吐司4片，
綜合生菜15克，小黃瓜40克

■ 調味料
美乃滋適量

為什麼能排毒？

蘋果是鹼性食物，適量食用可迅
速中和體內過多的酸性物質，增
強體力和抗病能力。

■ 作法
❶ 蘋果去核，和小黃瓜均切絲；全麥吐司去
邊，表面塗上美乃滋。
❷ 綜合生菜洗淨，切粗絲。
❸ 攤開壽司竹簾，鋪上保鮮膜，依序放上蘋
果、全麥吐司、綜合生菜、小黃瓜，捲起
即完成。

葡萄

抗老防衰＋補血益氣

別　　名：菩提子、山葫蘆
食療功效：利尿消腫、幫助消化、
　　　　　預防動脈硬化
〇 適用者：貧血、容易疲勞者、高血壓患者
✗ 不適用者：肥胖、糖尿病患者

葡萄食療效果

Q1 為什麼吃葡萄可排毒又能抗老？

葡萄含有類黃酮，是一種強效的抗氧化劑，具有抗衰老的效果，同時能促進排毒，是消脂減肥的好幫手。

中醫認為，葡萄味甘，性平，有補血、開胃、利尿的作用，對加速體內新陳代謝尤見功效；而長期吸菸或是處於二手菸環境的人，經常食用葡萄，也能達到清肺的效果，可幫助肺部細胞排毒。

Q2 常吃葡萄有助改善過敏體質？

葡萄皮中含有白藜蘆醇，是一種抗過敏的成分，能有效緩解打噴嚏、流鼻水等過敏性鼻炎的症狀。

葡萄乾抗過敏的效果也很好；葡萄乾是將新鮮葡萄的營養濃縮並去除水分，能有效發揮葡萄抗過敏的功效，以及改善過敏體質，調節免疫力。

Q3 常吃葡萄乾能治療貧血？

葡萄乾富含鐵質及多種胺基酸、維生素、礦物質，其含鐵量是新鮮葡萄的好幾倍，每天適量吃些葡萄乾，有益於改善經常疲倦、頭暈、臉色蒼白，以及手腳冰冷等輕微貧血的症狀。

女性生理期間，容易出現輕微貧血的現象，也較無精打采且怕冷，經常吃一些葡萄乾，除了可以緩解腰痛、貧血的症狀外，同時還能提高免疫力。

營養師的保健課

Q1 吃葡萄應把皮去掉？

✕ 錯

❶ 只要清洗乾淨，整顆葡萄連皮一起吃，可以攝取較多的膳食纖維，同時經過牙齒的咀嚼消化，也有助於身體對營養素的吸收、利用。

❷ 葡萄皮中含有比葡萄果肉或是葡萄籽豐富的白藜蘆醇，除了有降低血脂、預防動脈硬化的作用外，還有極強的抗癌能力，能防止細胞癌變，遏止惡性腫瘤擴散。

❸ 葡萄皮有很高的營養價值，其中含有一種能降血壓的黃酮類物質，而葡萄皮的顏色越深，其所含的黃酮類物質就越多。

Q2 多吃葡萄能預防心臟病？

◯ 對

❶ 根據國外研究顯示，多吃葡萄可以幫助維護心臟健康，因為葡萄所含的多酚，有很強的抗氧化作用，可以保護血管，進而降低心血管疾病的發生率，同時也能減少罹患冠狀動脈心臟病的危險因子。

❷ 葡萄對於血液中的血小板凝結有抑制作用，除了能降低罹患心臟病的風險外，也可達到保護心血管的效果；而黑葡萄的食療功效比白葡萄更好。

營養師小叮嚀 **葡萄顏色不同，功效也各異？**

❶ 紫葡萄含有豐富的花青素和類黃酮，這兩種物質都有很強的抗氧化作用，預防衰老的效果顯著，還能緩解老年人視力退化。

❷ 紅葡萄含有一種逆轉酶成分，除了可以降血壓、降血脂外，對於預防心血管疾病和中風也很有益處；心血管疾病患者經常食用，能保護心臟，防止血栓形成。

❸ 愛美的女性可以經常食用綠色葡萄，有美容、抗衰老的食療效果，同時能改善膚色不佳的情形。

葡萄的飲食宜忌Yes or No

Yes	◯ 葡萄含有對眼睛有益的葉黃素，可保護眼睛，延緩老年性黃斑部病變惡化。 ◯ 葡萄中的果酸成分，能幫助消化並增進食慾，更有通便、潤腸的作用，同時能防止肝炎後脂肪肝的發生。
No	✕ 由於葡萄的含糖量較高，糖尿病患者食用時，需注意不能過量，以免對身體健康造成影響。 ✕ 葡萄本身有通便、潤腸的功效，吃完葡萄後若立刻喝水，腸胃還來不及消化、吸收，水分已將胃酸沖淡，可能加速腸道蠕動，容易出現腹瀉的情形。

鳳梨葡萄蜜

排除毒素＋祛脂助消化

■ 材料

葡萄25克，鳳梨60克

■ 調味料

蜂蜜1大匙

■ 作法

① 材料洗淨；鳳梨去皮切塊；葡萄去籽。

② 將葡萄和鳳梨放入杯中，倒入滾水泡約5分鐘，再加蜂蜜調味即可。

為什麼能排毒？

葡萄和鳳梨中的有機酸，能幫助消化，代謝人體廢物與毒素；蜂蜜可維持腸道生態平衡。

葡萄乾蒸枸杞

防衰抗老＋預防貧血

■ 材料

葡萄乾、枸杞各40克

■ 作法

① 葡萄乾和枸杞洗淨。

② 將葡萄乾、枸杞放入蒸鍋蒸30分鐘，即可食用。

為什麼能排毒？

葡萄乾具有良好的抗氧化效果，可清除自由基，對抗衰老，預防慢性病；鐵質有助排毒和消除疲勞。

葡萄果醬 3人份

改善消化＋提振食慾

■ 材料
葡萄600克，檸檬汁3大匙

■ 調味料
白糖5大匙，麥芽糖10大匙

為什麼能排毒？

葡萄中的維生素C，有助於清除腸道毒素；鞣花酸能延緩老化。多吃葡萄能抗衰、防老，並增強腸道免疫力。

■ 作法

1. 葡萄洗淨，剝皮去籽，葡萄皮和果肉分別置於碗中。
2. 鍋中加清水，放入葡萄皮煮滾，轉小火煮至汁液呈紫紅色。
3. 取出葡萄皮，壓出汁液，連同葡萄果肉和檸檬汁倒入鍋中煮滾，轉小火，加麥芽糖煮至完全溶化。
4. 加白糖熬煮至醬汁呈濃稠狀即可。

香蕉

排毒瘦身＋穩定情緒

別　　名：甘蕉、弓蕉、芽蕉
食療功效：預防血壓上升、消除疲勞
〇 適用者：便祕者、肥胖、胃潰瘍患者、老年人
✗ 不適用者：高血壓患者、糖尿病患者

香蕉食療效果

Q1 為什麼吃香蕉能幫助排便？

香蕉富含果膠，可以促進腸道蠕動，幫助排便順暢，晚上睡覺前吃1根香蕉，能有效緩解習慣性便祕。

香蕉含有豐富的膳食纖維，其中絕大部分是水溶性膳食纖維，能刺激胃腸液分泌，使糞便變軟易於排出，增進腸道健康；同時也有利於腸道內的益菌生長，幫助體內環保。

Q2 吃香蕉排毒又能瘦身？

香蕉可潤腸通便，有助於清除血液中的毒素，加上其熱量不算高，食用後易有飽足感，每天養成吃香蕉的習慣，排毒又能瘦身。

愛美的女性想要同時兼顧排毒和瘦身，可以多吃香蕉，香蕉含有能轉化成神經傳導物質「血清素」的營養素，是其他水果幾乎沒有的成分，並具有預防過量食用的效果，有助減肥成功，近來日本流行的香蕉減肥法，已蔚為一股風潮。

Q3 吃香蕉能提高體內新陳代謝率？

香蕉含有豐富的鋅和鈣，可幫助骨骼保健及提升免疫力，並有助於提高體內新陳代謝率，對於男性的攝護腺保健也具有功效。

香蕉另含有豐富的鉀，能促進血液循環，加速身體新陳代謝，同時有益於調節體內水分平衡，維持正常血壓、利尿並排除多餘鹽分。

香蕉含有大量維生素B群，可減輕神經緊繃，提升新陳代謝率，提振精神，經常適量食用香蕉，還有助於延緩衰老。

營養師的保健課

Q1 吃香蕉會傷筋骨？

✕ 錯

❶ 香蕉對筋骨不佳的人不會產生任何負面的影響，就連筋骨耗損程度比一般人嚴重的運動員，也應該適量吃香蕉，除了能補充熱量外，還有助於調節體內電解質平衡。

❷ 一般來說，不是筋骨不好的人不要吃香蕉，而是骨折患者最好不要吃，因為香蕉含有豐富的磷，吃多了易使體內鈣質相對降低，對骨折病人的復原不利，因此建議不要吃。

Q2 香蕉不能空腹吃？

○ 對

❶ 多吃香蕉雖然有促進腸道蠕動、幫助排便的效果，但是空腹時吃太多香蕉，反而容易出現腸胃消化不良的情形。

❷ 香蕉含鉀量高，空腹時食用，血液中的鉀含量，將會高於正常濃度，可能會出現肌肉麻痺、精神不振等現象。

❸ 空腹時吃香蕉，會加速血液循環，進而增加心臟負荷，嚴重時，可能導致心肌梗塞，不利於健康。

營養師小叮嚀 吃香蕉能穩定情緒、提高專注力？

❶ 香蕉含有豐富的維生素B群和色胺酸，有穩定情緒、幫助注意力集中的功效，香蕉堪稱為可以讓人「開心」的水果。

❷ 近來一項研究調查發現，香蕉含有的泛酸、胺基酸成分，有抗憂鬱的效果，對於情緒、反應力有正面的影響，適合憂鬱症患者經常食用。

❸ 香蕉含有豐富的鉀，有助於提升腦力，加強注意力的集中，正在準備考試的學生每天適量食用，對於讀書和考試都有幫助。

香蕉的飲食宜忌Yes or No

Yes	○ 吃香蕉可以平衡體內過多的鈉，有助於促進鹽分的排泄，有效預防高血壓。
	○ 香蕉越成熟，表皮上的黑斑越多，代表其免疫活性也越高，可提升身體的抗病能力，以預防感冒等病毒的侵襲。
No	✕ 外皮呈青綠色、尚未成熟的香蕉不能吃，否則不但無法幫助排便，還可能導致便祕。
	✕ 香蕉一次不能吃太多，因為可能導致胃酸分泌減少而影響腸胃功能，或是造成情緒起伏過大，對健康產生危害。

香蕉橙奶

1 人份

緩解經痛＋幫助代謝

■ 材料
香蕉40克，鮮奶100c.c.，柳橙汁40c.c.，檸檬汁10c.c.，鳳梨汁60c.c.

■ 調味料
果糖1大匙

■ 作法
❶ 香蕉去皮，切塊。
❷ 將作法1、其餘材料和果糖放入果汁機中，打勻即可。

為什麼能排毒？

香蕉可破壞癌細胞，預防癌症；豐富的果酸可增加腸道蠕動，排除宿便，保持腸道健康。

香蕉糯米粥

4 人份

補充元氣＋健腸益胃

■ 材料
香蕉2根，糯米80克，葡萄乾3克

■ 調味料
冰糖15克

■ 作法
❶ 香蕉去皮切片。
❷ 糯米洗淨，放入鍋中加入清水熬煮成粥。
❸ 煮滾後放入香蕉片，再加入冰糖，以小火煮滾，最後撒上葡萄乾即可。

為什麼能排毒？

香蕉可滋養腸道中的益菌，減少致癌物停留的時間；鉀可抑制血壓上升，適合高血壓、心臟病患者食用。

香蕉蛋糕 ④人份

降低血壓＋保護神經

■ 材料

香蕉250克，雞蛋2顆，發粉10克，
低筋麵粉200克，植物油100克，
白芝麻適量

為什麼能排毒？

> 香蕉中的鉀，能維持神經系
> 統的健康，降低血壓，且富
> 含抗潰瘍化合物，有助抑制
> 胃酸，防治胃潰瘍。

■ 調味料

糖10大匙

■ 作法

① 香蕉搗爛，加入糖、雞蛋、植物油打成泥
狀，分次拌入過篩的麵粉與發粉。

② 烤箱預熱15分鐘，將作法1倒入模具中，
撒上白芝麻，以攝氏160度烤50分鐘即可
食用。

草莓

暢通腸道＋預防癌症

別　　名：紅莓、洋莓、地莓、地桃
食療功效：止咳清熱、滋養補血
〇 適用者：兒童、孕婦、老年人、
　　　　　胃口不佳者
✗ 不適用者：容易腹瀉、胃酸過多的人

草莓食療效果

Q1　為什麼吃草莓可以保護腸道健康？

草莓富含膳食纖維，是清理腸胃的好幫手，尤其在飯後吃，可以幫助腸胃吸收
其所含的果膠、纖維質等營養成分，不只幫助消化，還能改善便祕的情形。
草莓中所含的營養成分容易被人體消化、吸收，其中的維生素和果膠成分還能
幫助消化、緩解痔瘡症狀，更能促進腸道蠕動，讓排便順暢，對於清潔腸胃有
一定的效果。

Q2　常吃草莓排毒又養顏，有很好的美容效果？

草莓低糖、低熱量，其中所含的維生素C及多種果酸有很好的美容功效，可以
抑制黑色素增加，幫助美白皮膚，並能防止雀斑、黑斑的形成。
多吃草莓有抗老化的作用，可以幫助神經細胞保持年輕的狀態，因此有養顏美
容的功效。

Q3　為什麼吃草莓能有效預防癌症？

根據世界衛生組織（WHO）所做的一項研究指出：草莓有很好的抗癌作用，
在抗癌水果中高居第一名。這是因為草莓含有的鞣花酸成分，可以在體內產生
抗毒的作用，進而抑制癌細胞形成。
草莓含有豐富的類黃酮，是一種強力抗氧化劑，可以保護人體不受致癌物質的
侵害，對於預防癌症有很好的效果。因此，常吃草莓可減少罹患癌症的機率。

營養師的保健課

Q1 懷孕時不能吃草莓？

✕錯

❶ 草莓中的果膠和有機酸，可以協助食物中脂肪的消化代謝，並能加強腸胃蠕動及促進食慾，對孕婦很有幫助，不過宜適量食用。

❷ 孕婦吃草莓，可防止因缺少維生素C而出現的牙齦出血等症狀，豐富的鐵，能有效預防孕婦經常會有的貧血問題。

❸ 草莓可幫助人體對鐵的吸收，對於母親和胎兒都有益處；對於孕婦來說，常吃草莓有益於開胃、幫助消化，對於胎兒來說，則能幫助骨骼生長發育。

Q2 常吃草莓有益於防治心血管疾病？

○對

❶ 常吃草莓可以降低罹患心臟病等心血管疾病的風險，因為草莓能降低血脂和膽固醇含量，同時提升人體內抗氧化及其他保護作用，以保持血管健康。

❷ 常吃草莓等富含花青素莓果類的人，其罹患高血壓的風險，較不常吃的人低約10%左右，因為花青素能幫助暢通血管，使血流更加順暢，進而降低罹患高血壓的風險。

❸ 草莓含有豐富的維生素C，除了能降低血壓、血脂外，還能預防冠心病和動脈硬化。

營養師小叮嚀 **吃草莓可以改善心情、減少焦慮？**

❶ 草莓富含維生素B群，是一種能影響情緒的營養素，日常飲食中如果缺乏維生素B群，容易使人情緒低落或是處於不穩定狀態；相對來說，每天攝取足夠的維生素B群，有助於情緒穩定，並能降低緊張焦慮的心情。

❷ 草莓含有大量的維生素C及強力的抗氧化劑，具有改善失眠、容易打瞌睡等症狀的功效，甚至能緩解憂鬱症，幫助消除疲勞、提振精神。

草莓的飲食宜忌Yes or No

Yes	○ 草莓有開胃消食的作用，胃口不好的人在飯前吃些草莓，有利於開胃，並能增進食慾。 ○ 喝完酒後感到頭昏不適，可以適量吃些草莓，有助於提神醒腦、振奮精神。
No	✕ 草莓一次不能吃太多，尤其是容易腹瀉或是胃酸過多的人；此外，泌尿道結石患者也不能多吃，因為草莓的草酸鈣含量較高，吃太多可能會加重病情。 ✕ 清洗草莓時，不要把草莓的蒂頭摘掉再放入水中浸泡，因為殘留的農藥可能會汙染果肉，有害健康。

蜂蜜紅莓檸檬汁

高纖通便＋淨化腸道

■ 材料
草莓80克，優格100克，檸檬汁20c.c.，
冷開水2杯

■ 調味料
蜂蜜2大匙

■ 作法
① 草莓洗淨，去掉蒂頭對切。
② 將作法1、剩餘材料和蜂蜜一起放入果汁
機中，攪打約25秒即可。

為什麼能排毒？
> 草莓中的纖維質含量豐富，具有淨化
> 腸道、幫助排便之效，且能增強免疫
> 力，維持身體健康。

草莓牛奶燕麥粥

整腸健胃＋補充體力

■ 材料
草莓6顆，即食燕麥60克，牛奶1杯，
葡萄乾10克，綜合堅果20克

■ 作法
① 將牛奶和即食燕麥倒入容器，浸泡10分
鐘備用。
② 草莓洗淨，去掉蒂頭對切。
③ 將草莓、葡萄乾、綜合堅果倒入作法1，
混合均勻後即可。

為什麼能排毒？
> 這道粥品能降低體內的壞膽固醇，預
> 防心血管疾病；富含膳食纖維，可預
> 防便祕。

草莓酪梨手卷 2 人份

強化骨骼＋補充營養

■ 材料
柳橙果肉60克，酪梨果肉40克，
草莓3顆，潤餅皮2張

■ 調味料
低脂優格1大匙

■ 作法
1. 潤餅皮噴些水，放入微波爐烘約15秒左右，取出備用。
2. 柳橙、酪梨和草莓切條，均勻擺在潤餅皮上，淋上低脂優格。
3. 將潤餅皮捲成長筒狀，再切段即可食用。

為什麼能排毒？

草莓富含維生素C，可幫助消化、清理腸胃、排除宿便，有利排毒，同時減少人體對有毒物質的吸收。

櫻桃

健腎排毒＋補血理氣

別　　名：含桃、樂桃、朱櫻、崖蜜
食療功效：防治貧血、增強體質、潤澤肌膚
〇 適用者：消化不良者、體質虛弱者
✗ 不適用者：胃潰瘍患者、糖尿病患者、孕婦

櫻桃食療效果

Q1 為什麼吃櫻桃有益去除人體毒素？

櫻桃含有豐富的花青素，是天然色素多酚類物質中的一種，有很強的抗氧化力，排毒功能很強；常吃櫻桃，除了有益於去除人體毒素外，還能使肌膚光滑、潤澤，有效抵抗黑色素形成，有養顏美容的功效。

中醫認為，櫻桃全身都是寶，果肉的含鐵量高居各類水果之冠，有很好的補血功效，尤其是長麻疹時，以櫻桃核入藥，可通便、發汗解毒，經常食用，可以維持排便正常。

Q2 吃櫻桃為什麼能預防貧血、促進血液循環？

櫻桃富含花青素與前花青素，這兩種營養成分有很強的抗氧化力，可以強化微血管、動脈及靜脈血管的彈性，進而促進血液循環，幫助人體細胞更易吸收營養，並排除廢物。

櫻桃含有豐富的胡蘿蔔素、果酸及鐵、鉀等礦物質，其中，鐵質是製造紅血球、預防貧血的重要元素；常吃櫻桃，可防治缺鐵性貧血，還能增強體質、補充活力。

Q3 吃櫻桃能增強腎臟功能、助腎排毒？

櫻桃富含維生素B群、C及鈣、磷、鐵等礦物質，可將血液中的毒素和蛋白質分解後產生的廢物過濾後，透過尿液排出體外，能有效排除腎臟中多餘的水分和毒素。

營養師的保健課

Q1 櫻桃可健腎排毒，腎臟病患者可多吃？

✕ 錯

❶ 櫻桃含有高量的鉀，會導致腎臟病患者出現高血鉀症，因此，腎臟病患者或是需限制鉀離子攝取量的人，不應多吃。

❷ 腎臟一旦喪失自行調節水分和電解質的功能，腎臟病患者就會出現水腫和尿少的情形，此時再食用過多的櫻桃，就容易引起高血鉀。高血鉀可說是腎臟病患者的隱形殺手。

Q2 多吃櫻桃能保健視力？

○ 對

❶ 櫻桃含有的維生素A非常豐富，比起同樣富含維生素A的葡萄、蘋果等水果高出許多；多吃櫻桃能有效預防視力下降、怕光等症狀，尤其對於長時間使用電腦的人來說，是幫助維持視力的好水果。

❷ 當身體缺乏維生素A時，眼睛對於黑暗環境的適應能力容易降低；長期嚴重缺乏維生素A，還可能導致乾眼症和夜盲症，多吃櫻桃可改善症狀並維持好視力。

營養師小叮嚀 老年人多吃櫻桃對身體有益？

❶ 根據研究發現，多吃櫻桃可幫助睡眠、緩解失眠症狀，加上櫻桃屬於低糖、低熱量的水果，對老年人的身體很有益處。

❷ 櫻桃含有豐富的花青素及維生素A、B群、C，有抗老化、提升免疫力的作用；而櫻桃顏色越深，其作用越強，以紫色櫻桃最能達到保健效果。

❸ 老年人常見的臉色發白、頭暈眼花等情形，都是貧血的症狀，多吃櫻桃有助於補鐵和補血。

櫻桃的飲食宜忌Yes or No

Yes	○ 櫻桃中含有高量的鉀，有助體內的鹽分從尿液中排出，同時有擴張血管的作用，對降低血壓及穩定心跳有很大的幫助。 ○ 孕婦食慾不好，可以吃些櫻桃，不但有益於補血、幫助消化，對胎兒的生長發育也很有幫助。
No	✕ 櫻桃營養豐富，但是一次不能食用過多，因為櫻桃核含有天然毒素「氰」，過量食用可能引起氰化物中毒。 ✕ 櫻桃性溫熱，體質容易上火者不能多吃，以免便祕、流鼻血。

櫻桃蝦仁沙拉

均衡營養＋平衡酸鹼

■ 材料
櫻桃100克，蝦仁50克，蘿蔓4片，
大蒜4瓣，辣椒1/2支

■ 調味料
水果醋2大匙

■ 作法
❶ 材料洗淨；櫻桃去核；蝦仁去腸泥。
❷ 蝦仁汆燙後以冷水沖涼；大蒜、辣椒均切末，與水果醋調勻成醬汁。
❸ 蘿蔓鋪盤底，將蝦仁和櫻桃置於蘿蔓上，最後淋上醬汁即可。

 為什麼能排毒？

> 櫻桃能美白肌膚，幫助血液循環，改善女性手腳容易冰冷的症狀。

櫻桃鮮蔬卷

祛風除濕＋消炎活血

■ 材料
櫻桃、苜蓿芽各50克，海藻30克，
蘋果、番茄各1/2顆，潤餅皮2張

■ 調味料
五穀粉2小匙，優格1大匙

■ 作法
❶ 櫻桃洗淨切碎；蘋果、番茄洗淨切長條。
❷ 潤餅皮攤平，依序擺上櫻桃、苜蓿芽、蘋果、番茄和海藻，撒上五穀粉，餅皮捲成長筒狀，對切，淋上優格即可。

為什麼能排毒？

> 櫻桃具有祛風除濕、提振食慾的作用，還可消炎止痛、幫助抗癌。

黑森林櫻桃果醬 ⑩ 人份

養顏美容＋延緩老化

■ **材料**
櫻桃500克，檸檬汁20c.c.

■ **調味料**
白糖200克

為什麼能排毒？

櫻桃可改善缺鐵性貧血，具有養顏美容、延緩老化、預防感冒之效；膳食纖維可促進腸胃蠕動，預防便祕。

■ **作法**

❶ 櫻桃洗淨去核，放入鍋中，以小火熬煮。

❷ 煮滾後，將表面的浮沫撈除，加入白糖，小火熬煮15分鐘。

❸ 加入檸檬汁，待櫻桃呈濃稠狀即可。

番薯葉

排毒清腸＋美膚抗老

別　　名：地瓜葉、白薯葉、山芋葉
食療功效：清潔腸道、預防感冒、強化視力
○ 適用者：便祕者、產後乳汁不足婦女、
　　　　　老年人
✗ 不適用者：孕婦、腎臟病患者

番薯葉食療效果

Q1　為什麼吃番薯葉能排毒清腸？

番薯葉所含的膳食纖維比起一般蔬菜柔細，容易被人體消化，吃了之後很快便有飽足感，可促進腸胃蠕動，幫助排便並預防便祕；也能降低痔瘡及大腸癌發生的機率。

番薯葉含有豐富的維生素A、葉綠素及鈣、鐵等礦物質，加上熱量低，可減少熱量攝取，並降低膽固醇；同時有促進油脂排出、防止血管硬化等功效，有利於糖尿病患者控制血糖，也很適合減肥者食用。

Q2　為什麼吃番薯葉可幫助利尿、預防高血壓？

番薯葉含有豐富的花青素和多酚，有很強的抗氧化力，可幫助利尿、降低膽固醇，有效防治高血壓。

地瓜葉屬於高鉀蔬菜，除了有預防高血壓及穩定血壓的作用外，同時可防止體內鉀的流失，或緩解低血鉀的症狀，有不錯的食療效果。

Q3　多吃番薯葉能護肝排毒？

番薯葉富含蛋白質、維生素A、B群、C及鈣、磷、鐵等礦物質，可補充人體肝臟所需的維生素；當肝臟功能正常時，肝臟自然就能發揮原有的排毒作用。

多吃番薯葉可降低膽固醇，以及血液中的三酸甘油酯，有護肝、排毒、去火的功效。

營養師的保健課

Q1 一般食用的番薯葉是會長地瓜的葉子？

✗ 錯

❶ 一般來說，會長地瓜的葉子多數不適合入菜，因為其葉子不大，且口感較為苦澀，因此常被用來飼養動物。

❷ 除了上述用來飼養動物的番薯葉外，另一種日常食用的番薯葉，其葉子較大，口感也較細嫩，且沒有苦澀味，很好入口，又不傷胃，是營養價值很高的深綠色蔬菜。

Q2 多吃番薯葉能延緩衰老、美容養顏？

○ 對

❶ 番薯葉的多酚含量居所有蔬菜之冠，多酚可提高體內的抗氧化能力，幫助皮膚抵抗紫外線照射的傷害，有效美白並抗老化；愛美的女性多吃番薯葉，可保持皮膚彈性、延緩衰老，對皮膚健康很有幫助。

❷ 像番薯葉這類深綠色蔬菜，都含有豐富的葉酸，經常食用有美白肌膚的效果，同時可促進氣血暢通，讓膚色不只是白，而且白裡透紅，擁有好氣色。

營養師小叮嚀 吃番薯葉用油炒比水煮健康？

❶ 番薯葉含有豐富的胡蘿蔔素，以及抗氧化力極強的槲皮素，兩者皆屬於脂溶性，經由適量的油炒釋出，有助於人體吸收。

❷ 番薯葉富含多酚，其強力的抗氧化作用，對健康很有益處；油炒番薯葉可以降低多酚流失，有抗老化、防癌的作用，同時又能讓這種抗氧化物在人體內維持一定濃度。

❸ 吃番薯葉用油炒比水煮健康，但是如果要汆燙番薯葉，時間不要太久，以免營養流失。

番薯葉的飲食宜忌Yes or No

Yes	○ 番薯葉含有豐富的維生素B群和多酚，可提升體內的抗氧化力，適合容易疲勞的人經常食用，有助於提振精神、恢復體力，還能加速血液循環。 ○ 番薯葉的熱量低，且鈣的含量很高，有強化骨骼和幫助牙齒生長之效，適合老年人和正在成長發育的兒童食用。
No	✗ 番薯葉屬於高鉀蔬菜，腎臟病患者應避免食用，尤其是不能喝番薯葉的湯汁，以免加重病情。 ✗ 番薯葉的草酸較多，宜先用熱水汆燙，以免妨礙鐵和鈣的吸收。

蒜炒番薯葉

高纖清腸＋預防便祕

■ 材料
番薯葉250克，大蒜3瓣

■ 調味料
醬油1/4小匙，橄欖油1小匙

■ 作法
1. 番薯葉洗淨切段；大蒜洗淨，去皮拍碎。
2. 熱油鍋，放入大蒜爆香，再加番薯葉翻炒，淋上醬油炒勻即可。

為什麼能排毒？

番薯葉中的維生素和礦物質，可增加腸道益菌的數量，保持腸道健康，並具有潤腸通便的作用。

番薯葉鮑仔魚

消除疲勞＋幫助消化

■ 材料
番薯葉60克，鮑仔魚40克，大蒜1瓣

■ 調味料
鹽1小匙

■ 作法
1. 材料洗淨；大蒜去皮拍碎。
2. 熱油鍋，爆香大蒜碎，加番薯葉翻炒。
3. 最後放入鮑仔魚和鹽快速拌炒，炒熟即可起鍋。

為什麼能排毒？

番薯葉有助於消除疲勞，促進腸道的蠕動與消化；鮑仔魚能保持腸道酸鹼平衡，增進腸道生態的健康。

番薯葉豆腐羹 ④人份

提升免疫＋促進代謝

■ **材料**

番薯葉200克，豆腐1塊，紅蘿蔔30克，
高湯600c.c.

■ **調味料**

胡椒粉、麻油、鹽各少許，
太白粉1小匙

■ **作法**

① 番薯葉洗淨，以滾水燙過取出，切小段；
   豆腐切塊；紅蘿蔔去皮切丁。

② 鍋中放高湯煮滾，加紅蘿蔔丁、豆腐塊煮
   滾，再放入番薯葉段。

③ 加入胡椒粉、麻油和鹽調味，最後以太白
   粉水勾芡即可。

為什麼能排毒？

這道料理能提升免疫功能，膳食
纖維可幫助消化、促進腸道蠕
動；豆腐可調整腸道代謝能力。

白菜

潤滑腸道＋排毒瘦身

別　　名：結球白菜、黃芽白、無心菜
食療功效：幫助消化、利尿通便、護膚養顏
O 適用者：便祕、高血壓、腎臟病患者
X 不適用者：慢性腸胃炎患者、腹瀉者

白菜食療效果

Q1　為什麼吃白菜有助排除腸道毒素？

大、小白菜含有大量的膳食纖維，可促進腸道蠕動，幫助排便、降火氣，能有效預防便祕；也能增強新陳代謝，加快排毒速度，對人體的腸道健康有很大的幫助。

大、小白菜富含維生素B群及鈣、鐵等礦物質，可潤滑腸道、刺激排便，促使廢物和毒素排出體外。

Q2　多吃白菜為什麼能排毒瘦身？

大、小白菜熱量低，且富含水分，除了能暢通腸道、促進體內毒素的排泄外，更有助於減肥瘦身，尤其是在空氣乾燥的秋、冬季節，多吃富含維生素C、E的白菜，還能加速肌膚代謝能力，以延緩衰老。

大、小白菜都有很好的排毒效果，減肥期間可以多吃，除了有助於食物的消化和吸收外，更可以減緩脂肪堆積，加速代謝，進而達到瘦身的目的。

Q3　多吃白菜有助利尿消腫？

大、小白菜豐富的鉀含量，有助於將體內多餘的鈉排出，不但能降低血壓，還有利尿的作用，可緩解身體浮腫的問題。

大、小白菜富含膳食纖維、胡蘿蔔素及維生素C，有很好的利尿作用，可穩定血壓、預防動脈硬化，適合高血壓患者經常食用，有助於血管、心臟的健康。

營養師的保健課

Q1 清炒白菜即能滿足人體營養所需？

✗ 錯

❶ 白菜性偏寒涼，應與其他食材搭配食用，以免營養不均衡；白菜可與肉類同食，能使肉類經腸胃消化吸收後所產生的廢棄物，透過白菜的纖維質排出體外，避免殘留在腸道裡。

❷ 白菜與豬骨或是豆腐等一起烹煮，可幫助人體對蛋白質及維生素C、E等營養素的吸收和利用，有助於加速人體新陳代謝，提高人體免疫力。

Q2 多吃白菜可以預防骨質疏鬆？

○ 對

❶ 多吃白菜可預防骨質疏鬆，大、小白菜的吃法不同；其中，生吃小白菜、榨汁或是製成精力湯，能有效幫助鈣的吸收；至於大白菜，則以熟食效果最好，煮熟的白菜含鈣量豐富，有益於預防骨質疏鬆，只是最好能縮短烹調時間，以免營養流失。

❷ 白菜中的鈣和磷成分，能有效強化牙齒和骨骼，更有助於預防骨質疏鬆症，強化骨骼的健康，並減少骨折的風險。

營養師小叮嚀 **為何白菜營養價值雖高，但卻建議適量食用為宜？**

❶ 中醫認為，大白菜性寒，食用過量，可能會出現手腳冰冷或腹瀉的症狀，加上大白菜的膳食纖維含量高，吃得太多，會影響人體對鋅、鈣等礦物質的消化和吸收。

❷ 過量食用小白菜，可能會因為其中所含的硝酸鹽，導致血液缺氧而引起中毒，出現噁心、頭痛的反應，嚴重者甚至會死亡；此外，有過敏體質的人，也不宜多吃，以免誘發皮膚問題。

白菜的飲食宜忌Yes or No

Yes	○ 白菜除了豐富的膳食纖維外，也含有大量的維生素C、E，尤其在乾燥的秋、冬季節多吃白菜，能產生很好的養顏和護膚效果。 ○ 白菜有多種維生素和胺基酸，可消除疲勞、鎮靜安神並幫助睡眠。
No	✗ 腐爛變質的白菜不能吃，因為可能會引起缺氧，併發頭痛、嘔吐、心跳加快等症狀，嚴重者甚至會導致死亡。 ✗ 吃白菜要現炒現吃，不要反覆加熱，因為反覆加熱會使白菜產生亞硝酸鹽，食用之後可能導致體內缺氧，出現中毒症狀。

醬燒白菜

利尿解毒＋生津止渴

■ 材料
蝦皮20克，切塊白菜300克，水2大匙

■ 調味料
蠔油2小匙，麻油1/6小匙

■ 作法
❶ 炒鍋加熱後，加入蝦皮略炒。
❷ 加入白菜塊、水及調味料，略燜燒後即可食用。

為什麼能排毒？

多食用白菜有助身體加速排毒，並促進排除尿素，體熱常感口乾舌燥者，食用效果更加顯著。

香菇燴白菜

預防感冒＋潤腸養顏

■ 材料
小白菜100克，香菇6朵

■ 調味料
橄欖油1大匙，鹽1/2小匙，醬油1小匙

■ 作法
❶ 小白菜洗淨，切段備用。
❷ 熱油鍋，放入香菇，大火翻炒至軟後，加入小白菜炒軟。
❸ 加鹽和醬油調味，快速拌炒後盛盤。

為什麼能排毒？

小白菜卡路里低、維生素C含量豐富，所含的膳食纖維不會因加熱而破壞，腸胃不佳者也能安心食用。

熱炒木耳白菜 2 人份

補充體力＋預防大腸癌

■ 材料
黑木耳80克，大白菜180克，蔥段4克

■ 調味料
鹽1/2小匙，醬油、橄欖油各1小匙

■ 作法
1. 大白菜洗淨，切塊；黑木耳泡軟後洗淨。
2. 熱油鍋，放入蔥段爆香。
3. 加入大白菜、黑木耳和調味料快速翻炒至熟即可。

為什麼能排毒？

大白菜中富含膳食纖維和蛋白質，可促進腸胃蠕動和消化，防止大腸癌，有利保護腸道健康。

菠菜

補血通便＋強化免疫

別　　名：波斯草、赤根菜
食療功效：預防貧血、穩定情緒、增強體質
○ 適用者：貧血、糖尿病、高血壓患者、
　　　　　　老年人
✗ 不適用者：腎炎患者、腎結石患者

菠菜食療效果

Q1　為什麼吃菠菜能預防貧血？

菠菜含有豐富的維生素C和鐵，兩者交互作用，除了能有效預防貧血外，對臉色蒼白、精神不振等缺鐵性貧血症狀，尤其有不錯的食療效果。
菠菜本身有很好的補血作用，與同樣富含鐵質和葉酸的豬肝、枸杞等食材一起烹調，可以發揮相輔相成的作用，能更有效防治貧血。

Q2　吃菠菜有助體內排毒，還有通便的作用？

菠菜含有大量的植物粗纖維，除了可促進腸道蠕動、利於排便外，經常食用，還能幫助消化、防止便祕，是清理腸胃、幫助體內排毒的好幫手。
中醫認為，人體的熱毒多來自於腸胃，而菠菜性冷味甘，可以清理腸胃中的熱毒，有助於促進新陳代謝、防止便祕；另一方面，吃菠菜還有抗衰老的作用，可以減少皺紋及色斑的產生，保持皮膚光潔。

Q3　吃菠菜為何能幫助減肥瘦身？

菠菜的熱量低，且其營養成分是蔬菜中與肉類最接近的一種；將菠菜與其他食材搭配烹調，可以加強彼此之間的吸收、補充，有很好的減肥效果。
菠菜營養豐富，熱量又低，且含鉀量也很多，有助於利尿排水，並能促進體內代謝功能，對於消除水腫型肥胖很有幫助，是不錯的減肥食材。

營養師的保健課

Q1 菠菜與豆腐一起吃易罹患結石？

✕ 錯

❶ 豆腐中的含鈣量並不高，即便是菠菜中含有大量的草酸，兩者經過腸胃的分解和消化後，也不會因為菠菜的草酸與豆腐的鈣混合而形成草酸鈣，因此，菠菜與豆腐一起吃並不會導致結石。

❷ 在烹調前，先將菠菜放入滾水中汆燙，即可去除菠菜中絕大部分的草酸，就不至於影響人體對鈣的吸收或是導致結石。

Q2 老年人多吃菠菜有益身體健康？

○ 對

❶ 菠菜富含鈣質，可幫助人體產生促進肌肉功能的蛋白質，對於防止骨質疏鬆有積極作用。

❷ 菠菜含有葉黃素、類黃酮、類胡蘿蔔素等多種營養素，有極佳的抗氧化力，尤其適合老年人多吃，能有效預防視力退化、白內障及黃斑部病變，保護眼睛健康。

❸ 菠菜富含維生素K，可幫助人體對鈣的吸收，有利於加快血液循環；老年人經常食用，還能緩解老年痴呆症的症狀。

營養師小叮嚀 吃菠菜能增強抗病能力、促進兒童生長發育？

❶ 正處於發育期的兒童，應經常適量食用菠菜，因為兒童在生長發育時期的抵抗力較弱，容易感染傳染病，而菠菜對提高人體免疫力、增強抵抗力，有很好的效果。

❷ 菠菜含有豐富的維生素A，高居所有蔬果之冠；維生素A是幫助人體增強抵抗力不可或缺的營養素，除了能增強抗病能力外，對於兒童來説，還能促進骨質正常生長發育。

菠菜的飲食宜忌Yes or No

Yes	○ 欲保存菠菜鮮度，可將菠菜用報紙包起，放入冰箱冷藏，以減少營養流失。 ○ 烹調菠菜時，先將菠菜用滾水汆燙後，再放入鍋中翻炒，能有效去除菠菜原有的澀味。
No	✕ 菠菜不能多吃，因其含有大量的草酸鈣，食用過量會增加罹患痛風、腎結石的風險。 ✕ 菠菜不能和黃瓜一起吃，因為菠菜中豐富的維生素C，會被黃瓜中的維生素C分解酶破壞，一起吃會降低營養價值。

菠菜涼拌蟹肉絲

潤燥降火＋排毒美膚

■ **材料**

菠菜300克，蟹肉棒2條，白芝麻少許，
高湯1大匙

■ **調味料**

醬油、糖、麻油各2小匙

■ **作法**

❶ 燙熟菠菜，取出泡冰水冰鎮後瀝乾。

❷ 蟹肉棒汆燙，剝絲；調味料拌勻後冷藏。

❸ 將菠菜、蟹肉絲拌勻盛盤，淋上冷藏的調
味料，撒上白芝麻即可。

為什麼能排毒？

> 菠菜搭配低脂肪的蟹肉絲，除了可降
> 低脂肪的攝取量，也能清除腸道廢
> 物，避免身體吸收毒素。

菠菜炒雞蛋

改善便祕＋潤色養顏

■ **材料**

雞蛋1顆，菠菜60克

■ **調味料**

鹽1小匙

■ **作法**

❶ 材料洗淨；菠菜切小段；雞蛋打散，蛋汁
入鍋後炒成蛋塊。

❷ 將菠菜段放入蛋中一起拌炒，加鹽調味即
可食用。

為什麼能排毒？

> 菠菜含有豐富的鐵質、維生素A及C，
> 食用菠菜，能刺激腸胃道蠕動與消化
> 酵素的分泌，使肌膚紅潤有光澤。

魩仔魚拌菠菜 2 人份

保護血管＋穩定血壓

■ 材料
魩仔魚40克，蒜茸5克，菠菜250克

■ 調味料
米醋、醬油各1大匙，橄欖油2小匙，
黑醋、麻油各1小匙

為什麼能排毒？

菠菜富含鉀，可調節體內的水分
平衡，加速排除體內多餘的鈉，
有助維持血壓正常，保護血管。

■ 作法
1. 菠菜洗淨，汆燙後取出，入冰水中冰鎮後切段。
2. 將橄欖油外的所有調味料混勻，淋在作法1上。
3. 熱油鍋，爆香蒜茸，加魩仔魚翻炒至金黃色，盛起放在菠菜上即可。

芹菜

高鐵補血＋高纖防癌

別　　名：水芹、刀芹、蜀芹、野芹
食療功效：降低血壓、利尿消腫、防癌抗癌
○ 適用者：高血壓患者、缺鐵性貧血患者、
　　　　　經期婦女
✗ 不適用者：血壓偏低者

芹菜食療效果

Q1 吃芹菜有利降低血壓？

芹菜的鉀含量很高，加上富含維生素P，有降血壓、降血脂、防止動脈硬化等功效，適合高血壓患者與老年人經常食用，以做為日常保健之用。

芹菜的降血壓功效，與其所含的芹菜素成分有關。芹菜素是一種多酚類，也是食物中罕有的類黃酮之一，經常食用，可發揮明顯降血壓的作用，也能增進血液循環系統的健康。

Q2 吃芹菜可以防癌？

芹菜的高纖維成分，經由腸胃道消化、吸收後，可發揮抗氧化作用，以抑制腸胃道細菌所產生的致癌物質，對於預防大腸癌亦有不錯的食療效果。

芹菜之所以能防癌，在於芹菜進入人體的腸胃道後，可幫助有毒物質隨著尿液或糞便排出體外，以縮短在腸胃道停留的時間，有效維護腸胃道健康。

Q3 為什麼吃芹菜有清熱解毒的功效？

中醫認為，芹菜味甘、性寒，能清肝利水，容易上火或是口乾舌燥的人常吃芹菜，不但有助於清熱解毒，也能增強抗病能力，祛病強身。

《本草綱目》記載：「旱芹，其性滑利」，意指吃芹菜可以刺激體內排毒，預防毒素累積在體內而罹患疾病，可見芹菜有清熱解毒的功效，是一種有助體內排毒的蔬菜。

營養師的保健課

Q1 吃芹菜能補血，女性尤其應該多吃？

○ 對

1. 芹菜的含鐵量高，有很好的補血功效，女性生理期間，尤其應多吃芹菜，能補充經血的流失，同時改善頭暈、臉色蒼白、容易感到疲倦等症狀。

2. 中醫認為，芹菜是一種藥用價值很高的保健蔬菜，除了能降血壓、降血脂外，對於補血尤有功效；常吃芹菜可使兩眼有神、頭髮黑亮，並擁有紅潤的好臉色。

Q2 芹菜適合用來當作減肥食材？

○ 對

1. 被歸類為「高纖維食材」之一的芹菜，含有豐富的植物粗纖維，在進入人體腸道後，會產生一種抗氧化成分「木質素」，不但有利塑身減肥，對瘦小腹尤見功效。

2. 吃芹菜減肥的食療功效，在於芹菜的熱量低，且能減少脂肪被小腸吸收，增加飽足感，並可有效促進腸道蠕動。此外，芹菜的利尿消腫作用，有利於消除體內水分的滯留，對於塑身減肥幫助很大。

營養師小叮嚀　吃芹菜應該把葉子摘除，只吃莖？

1. 一般吃芹菜，只吃莖的部分而捨去葉子，其實芹菜葉的營養豐富，其中所含的蛋白質、胡蘿蔔素及維生素B_1、C等營養素，都比芹菜莖要高出許多，棄之可惜。因此，吃芹菜時最好不要把嫩葉摘除。

2. 芹菜葉營養價值高，不但降壓效果很好，對於預防水腫、小便不順、血管硬化等，也有不錯的食療效果。此外，芹菜葉有一股特殊的香氣，經常食用，除了可增進食慾，還能幫助消化。

芹菜的飲食宜忌Yes or No

Yes	○ 芹菜中的鈣、磷含量都不低，這兩種營養素對於骨骼發育有很好的幫助，適合正在發育的兒童或青少年經常食用。 ○ 芹菜富含鉀，有很好的利尿作用，常吃芹菜，可幫助尿酸排出體外，或中和體內的酸性物質，對痛風有不錯的食療效果。
No	✕ 芹菜含鉀量高，腎臟病患者需避免生吃芹菜或喝芹菜汁，以免引發腎衰竭。 ✕ 中醫認為，芹菜性涼，體質虛寒或手腳冰冷的人，最好將芹菜煮熟再吃，以免腸胃不適。

芹菜涼拌蒟蒻
潤腸通便＋調降血壓

■ **材料**
蒟蒻90克，芹菜2株，大蒜2瓣

■ **調味料**
白醋、醬油、橄欖油各1大匙，白糖1小匙

■ **作法**
① 材料洗淨；蒟蒻切塊；芹菜切段；大蒜去皮切碎。
② 蒟蒻、芹菜入滾水汆燙後取出。
③ 所有調味料混合，加入大蒜碎。
④ 蒟蒻塊和芹菜段盛盤，淋上作法3即可。

為什麼能排毒？
蒟蒻和芹菜搭配食用，能發揮潤腸通便和調降血壓的效果。

腰果炒西芹
強化免疫力＋排毒護膚

■ **材料**
西洋芹250克，腰果50克

■ **調味料**
麻油2匙，鹽1小匙

■ **作法**
① 西洋芹洗淨，切成塊狀，入滾水汆燙。
② 以麻油熱鍋，將腰果炸至呈淺黃色後撈出，放涼。
③ 調味料和作法1拌勻，撒上腰果即可。

為什麼能排毒？
芹菜中的膳食纖維含量豐富，能促進排便，清除腸道中的廢物與毒素，保持肌膚健康。

西芹番茄湯 2 人份

低脂高纖＋塑身養顏

■ 材料
西洋芹150克，番茄70克，蝦米20克

■ 調味料
鹽1/2小匙，糖1小匙

為什麼能排毒？

西洋芹與番茄富含膳食纖維，有助於有毒物質排出及塑身；抗氧化植化素則有抗衰養顏之效。

■ 作法
1. 材料洗淨；西洋芹切段；番茄切丁。
2. 湯鍋加入適量水煮滾，再加入西洋芹段、番茄丁和蝦米。
3. 待食材煮熟時，再加入調味料調味即可。

韭菜

袪脂降壓＋增強活力

別　　名：起陽草、懶人菜、長生韭
食療功效：調節血脂、預防心血管病、提高
　　　　　抗病能力
O 適用者：便祕、寒性體質者、老年人
X 不適用者：孕婦、容易上火的人

韭菜食療效果

Q1 為什麼吃韭菜有降低血脂的功效？

韭菜含有豐富的維生素A、B群、C及鈣、磷、鐵等礦物質，有穩定血壓、降低血脂的作用，同時能有效降低膽固醇並預防動脈硬化，適合高血脂症和冠心病患者經常食用。

韭菜富含鉀，除了可以刺激排尿，去除體內過多的水分外，並有益於改善體內鉀、鈉的平衡，防止血壓忽高忽低，對降低血脂也有一定的幫助，同時還能提高抗病能力。

Q2 常吃韭菜為什麼能預防痔瘡？

韭菜中含有較多的膳食纖維，可加快食物的消化時間，降低有毒物質在腸胃裡停留和吸收的機會，對習慣性便祕和痔瘡都有明顯的療效。

韭菜所含的纖維質堅韌且不易被腸胃吸收、消化，因此能使大便的分量增加，以促進腸道蠕動，有利於排便，可預防便祕和痔瘡。

Q3 春天吃韭菜最能幫助人體排毒？

中醫認為，蔬果的營養價值會隨著季節的變換而有變化；韭菜應該在春天時吃，有一定的殺菌消炎作用，能讓身體的免疫力大大提升，也不容易感冒。

春天的韭菜品質最好，是最適合吃韭菜的時節；多吃韭菜能幫助人體吸收維生素A、B_1，有益於增強抗病能力，並加速體內排毒。

營養師的保健課

Q1 韭菜營養豐富，適合孕婦食用？

✕ 錯

❶ 孕婦不能吃韭菜！因為懷孕時吃韭菜，會造成荷爾蒙分泌失調，產生噁心、嘔吐等症狀，不利於孕婦和胎兒發育。

❷ 孕婦吃韭菜容易造成胎動不安，嚴重時甚至會導致流產。因此，孕婦不能吃韭菜。

❸ 韭菜所含的揮發油成分不利孕婦，可能會造成子宮收縮，繼而增加早產或流產的機率；此外，生產完後，吃韭菜會造成奶量減少，不利於哺乳。

Q2 常吃韭菜能消除疲勞？

◯ 對

❶ 韭菜含有與大蒜相同的蒜胺酸成分，這種物質會轉變成具有強烈氣味的大蒜素，而大蒜素會與維生素B$_1$結合生成蒜硫胺素，可加速體內乳酸物質的分解，有消除疲勞、增進新陳代謝的作用。

❷ 除了大蒜素外，韭菜另含有胡蘿蔔素、維生素E、核黃素（維生素B$_2$）等營養素，能增強體力、改善體質。

❸ 常吃韭菜有消除疲勞、溫中養血的功效，韭菜炒蛋、韭菜炒豆芽等，都是非常健康美味的食補料理。

營養師小叮嚀 韭菜生吃或熟吃，營養價值皆很高？

❶ 韭菜有一種獨特的辛香氣味，與大蒜、蒜苗、洋蔥等同屬抗菌類蔬菜，可消滅或抑制多種致病菌，如葡萄球菌、痢疾桿菌、黴菌等；食用時，尤以生吃最能達到殺菌、抗菌的效果。

❷ 在食用韭菜時，除了生吃有很好的食療效果外，也可煮熟再吃，最好以大火快炒方式料理，或將韭菜當成配料，在起鍋前才放入，縮短烹調的時間，更能發揮殺菌、抗菌的作用。

韭菜的飲食宜忌Yes or No

Yes	◯ 食慾不好的兒童或老年人，可適量食用韭菜，除了能增進食慾、幫助消化外，還有暖身、健胃的作用。 ◯ 韭菜富含維生素A，女性多吃，能讓肌膚變得更白皙，有美膚養顏的功效。
No	✕ 韭菜不能同時與蜂蜜一起食用，因為韭菜中的維生素C，可能會被蜂蜜所含的礦物質氧化而失去功效。 ✕ 韭菜富含纖維質，平時消化不良的人不能多吃，尤其應盡量避免夏季時吃韭菜，因為夏韭多半老化而粗糙，多吃容易引起腸胃不適或腹瀉。

韭菜溫泉蛋

促進排泄＋活化代謝

■ 材料
韭菜100克，溫泉蛋2顆

■ 調味料
醬油、胡椒粉各適量

■ 作法
❶ 韭菜洗淨切段，燙熟撈起過冷水，瀝乾水分備用。
❷ 將韭菜和溫泉蛋放進碗中，加上醬油和胡椒粉調味即可。

為什麼能排毒？

韭菜有助維生素B_1的吸收，消除疲勞，且能預防老化、促腸蠕動，加速排便，具有活化新陳代謝之效。

韭菜炒魷魚

消除疲勞＋補充營養

■ 材料
韭菜段75克，魷魚50克

■ 調味料
橄欖油2小匙，米酒1小匙，醬油1大匙，鹽1/4小匙

■ 作法
❶ 材料洗淨；魷魚切花再切塊，入水汆燙，撈起瀝乾。
❷ 熱油鍋，放入魷魚和韭菜，以大火翻炒至熟，再加米酒、醬油和鹽調味即可。

為什麼能排毒？

韭菜中的膳食纖維，有利整腸、消化和排便，減少有害物質滯留在體內，對體內排毒非常有益。

韭菜拌核桃

調整腸胃＋促進排毒

■ 材料
韭菜200克，核桃仁40克

■ 調味料
糖、鹽、橄欖油、米酒各2小匙

為什麼能排毒？

韭菜中的粗纖維，能調整腸胃功能，有助毒物排出；核桃所含的不飽和脂肪酸則有潤腸之效。

■ 作法
❶ 韭菜洗淨，去除根部和老葉，切長段備用；核桃仁稍微敲碎。

❷ 將6杯水倒入鍋中，以大火燒滾後，放入韭菜燙煮至變色，撈出瀝乾。

❸ 作法2放入盤中，加核桃和所有調味料拌勻即可。

高麗菜

增強免疫＋促進代謝

別　　名：卷心菜、包心菜、洋白菜
食療功效：幫助消化、提高免疫力
O 適用者：肥胖者、動脈硬化患者、兒童、
　　　　　青少年
X 不適用者：腹脹者、肝病患者

高麗菜食療效果

Q1 吃高麗菜有促進人體新陳代謝的作用？

高麗菜富含人體必需的微量元素「錳」，可促進人體新陳代謝，加上高麗菜含有豐富的鈣，有助成長發育，正值發育期的兒童或青少年，更要多吃高麗菜。
高麗菜含有多種對人體有益的營養物質，其中所含豐富的維生素U，能保護黏膜細胞，並有益於修復體內受損組織，同時有促進人體新陳代謝、血液循環及增強體質等作用。

Q2 為何吃高麗菜能提高免疫力並預防感冒？

高麗菜屬於十字花科蔬菜（如芥蘭菜、花椰菜、大白菜等），這類蔬菜都含有豐富的維生素C、類胡蘿蔔素及多酚類物質等營養成分，有很強的抗氧化能力，有利於提高免疫力和抗病能力。
高麗菜屬於抗氧化食材的一種，其中所含的異硫氰酸鹽、吲哚、蘿蔔硫素等成分，可中和體內自由基的產生，對於抗癌有相當大的助益，同時能有效提高免疫力，並預防感冒。

Q3 吃高麗菜能有效預防心血管疾病？

高麗菜富含膳食纖維，除了有降低血脂、膽固醇的作用外，還有防止心血管阻塞的作用，能有效預防心血管疾病。
紫高麗菜中的花青素，具有很強的抗自由基能力，可說是預防心血管疾病的最佳武器。

營養師的保健課

Q1 高麗菜是治療胃病的天然胃藥？

○ 對

❶ 高麗菜富含維生素K1、U等抗潰瘍因子，有保護胃黏膜、促進胃壁黏膜再生的作用，經常食用可緩解胃部不適，對於輕微的胃潰瘍或十二指腸潰瘍，有不錯的食療效果。

❷ 根據日本最新研究指出，高麗菜所含的硫配醣體，能殺死幽門螺旋桿菌，有抑制胃炎的功效，常吃高麗菜可護胃、健胃，還能調整體質。

Q2 常吃高麗菜能明顯降低罹癌率？

○ 對

❶ 高麗菜含有吲哚、蘿蔔硫素、異硫氰酸鹽等抗氧化植化素，有很強的抗癌作用，可防止自由基對人體的傷害，降低罹癌的風險。

❷ 根據一項醫學研究指出，高麗菜有抑制黃麴毒素致癌的作用，有很強的抗氧化、抗自由基能力，進一步證實其防癌、抗癌的效果。

營養師小叮嚀 人人都適合生吃高麗菜嗎？

❶ 高麗菜營養價值高，可保護腸胃，但是腸胃道功能較差的人，最好不要生吃，尤其是紫色高麗菜的纖維較粗，更要避免，以免造成腸胃道不適。

❷ 高麗菜含有會導致甲狀腺腫大的物質，容易阻礙甲狀腺對碘的作用，如果長期生吃，甲狀腺可能會腫大，經過煮熟後，可破壞這種會導致甲狀腺腫大的物質，因此，甲狀腺功能失調者需特別注意攝取量，或盡量熟食避免生吃。

高麗菜的飲食宜忌Yes or No

Yes	○ 高麗菜富含多種維生素和膳食纖維，可促進排便、改善便祕，加上熱量低，吃了容易有飽足感，更是減肥瘦身的好幫手。 ○ 高麗菜中所含的維生素K，可幫助人體對維生素D及鈣的吸收，有益於促進骨骼新陳代謝，進而預防骨質疏鬆。
No	✕ 高麗菜不能久放，因維生素C會大量被破壞，買回後應盡快食用完畢。 ✕ 烹調高麗菜時，最好以大火快炒，煮燙時間不宜過久，以免損失其中對人體有益的營養素。

蜜香葡萄果菜汁 1人份

健胃整腸＋抗病防癌

■ 材料
葡萄20顆，高麗菜100克

■ 調味料
蜂蜜、檸檬汁各2小匙

■ 作法
1. 材料洗淨；高麗菜切片，備用。
2. 全部材料放入果汁機中打勻，倒入杯中。
3. 將蜂蜜、檸檬汁加入作法2中拌勻即可。

為什麼能排毒？

高麗菜含有豐富的植化素，具有防癌功效，可提升免疫力；葡萄多酚的抗氧化力，有助於預防疾病的發生。

高麗菜炒鮮菇 2人份

整腸健胃＋幫助消化

■ 材料
高麗菜150克，蔥1片，
鮮香菇、紅蘿蔔各30克

■ 調味料
橄欖油1小匙，鹽1/2小匙

■ 作法
1. 材料洗淨；高麗菜切小塊；鮮香菇切片；紅蘿蔔去皮切片；蔥切段。
2. 熱油鍋，爆香蔥段，放入紅蘿蔔片和香菇片拌炒，再加高麗菜炒熟，最後加鹽調味即可。

為什麼能排毒？

高麗菜可減少體內廢物，具有極佳的整腸健胃功能，能有效改善胃部疾病，預防便祕和痔瘡。

豆腐高麗菜卷

補鈣養骨＋強化免疫系統

■ 材料

雞絞肉150克，蔥2支，高麗菜4片，
豆腐1塊，雞蛋1顆

■ 調味料

鹽1/4小匙，太白粉1小匙

為什麼能排毒？

高麗菜能促進人體吸收鈣質，提
高學童學習力，並維持神經系統
運作正常。

■ 作法

1. 材料洗淨；豆腐壓扁，去除水分；蔥切
   末；高麗菜洗淨，放入滾水中燙熟，瀝
   乾；雞蛋打散。

2. 將作法1、雞絞肉、鹽和太白粉攪拌至黏
   稠狀，做為餡料。

3. 攤開高麗菜葉，包入餡料，捲起用牙籤固
   定，放入蒸鍋蒸15分鐘至熟。

番薯

排除宿便＋清理腸胃

別　　名：甘薯、山芋、地瓜
食療功效：促進排便、增強免疫功能、
　　　　　防癌抗癌
○ 適用者：便祕患者、兒童、老年人
✗ 不適用者：胃潰瘍患者、糖尿病患者、
　　　　　　胃酸過多者

番薯食療效果

Q1 為什麼吃番薯能幫助排除宿便、清除體內毒素？

番薯含有大量的膳食纖維，及人體所需的多種胺基酸，有緩解便祕、促進排便
的作用，可使腸胃中累積的毒素排出，有助體內環保。
根據最新研究指出，在「排毒最強的20種食物」排行榜中，番薯高居首位，
這是因為番薯當中所含的纖維成分，質地鬆軟容易消化，可促進腸胃蠕動，幫
助排便。

Q2 吃番薯能養顏美容，還有減肥瘦身的功效？

番薯高纖、低熱量，可促進排便順暢、有效排除宿便和清理腸胃，對減肥瘦身
有很好的功效。
吃番薯有養顏美容的功效，尤其是對更年期婦女，更有不錯的食療功效；進入
更年期的婦女，經常吃番薯，可促進膽固醇排泄，並改善肌膚乾燥、黯沉等情
形，有益於保持肌膚細嫩並延緩衰老。

Q3 吃番薯為什麼能增強人體免疫力？

番薯富含β-胡蘿蔔素，能在體內轉換為維生素A的抗氧化物，補充足夠的維生
素A，可阻止病毒進入人體，有助於提高免疫力。
番薯果肉上的白色汁液，含有黏液蛋白，有預防動脈硬化、保護心血管的功
效，更有助於抗衰老，對增強免疫力有一定的作用。

營養師的保健課

Q1 番薯不要吃皮比較好？

✕ 錯

① 番薯皮富含黏液蛋白等多醣類物質，除了有保持血管彈性、加速體內多餘膽固醇排除的作用外，還能有效預防高血壓、血管硬化等心血管疾病。

② 番薯皮屬於鹼性，可將人體酸性體質調整為鹼性或中弱酸性；番薯連皮一起吃，有利於維持人體的酸鹼平衡，也能避免疾病的產生。

Q2 腎功能不佳者不要多吃番薯？

○ 對

① 番薯的鉀離子含量豐富，特別是腎功能不好的人，不能過量食用，除了容易增加腎臟的負擔外，同時也會提高罹患糖尿病的機率。

② 腎功能不好的人，除了不能過量食用番薯，也應知道安全烹調番薯的方式。對於腎功能不好的人來說，吃番薯最大的問題，在於番薯含有較高鉀離子，烹調時先將番薯切片，放入滾水中烹煮，即可溶出其中的鉀離子，減輕腎臟負擔。

營養師小叮嚀 吃番薯養生並非人人都適合？

① 番薯含糖量較高，空腹吃或一次吃太多，都可能會刺激胃酸大量分泌，尤其是胃酸過多的人應適量食用，以免造成胃酸逆流，導致喉嚨疼痛、食慾減退，以及胸口有灼熱感等症狀。

② 番薯是含寡醣的產氣食物，在腸胃道消化時容易產生較多的氣體，若吃得太多，可能會因為大量氣體而導致脹氣，尤其是消化道不好的人，或容易腸胃脹氣的人應小心食用，最好等腸胃脹氣的情形改善後再吃。

番薯的飲食宜忌Yes or No

Yes	○ 番薯所含的膳食纖維，可促進腸胃蠕動、預防便祕。 ○ 番薯含有 β -胡蘿蔔素、維生素C，有很強的抗氧化作用，能防止體內的自由基對細胞造成傷害，有一定的防癌效果。
No	✕ 番薯最好不要生吃，因為番薯中的澱粉沒有經過高溫處理，不但不易被腸胃消化，還可能產生打嗝、腹脹等不適感。 ✕ 番薯皮上的黑色或褐色斑點，是受到病菌感染所致，吃的時候應該要去除，否則可能引起中毒。

黃金甘薯粥

消積清腸＋利水排毒

■ **材料**
番薯100克，白米1/2杯，水4杯

■ **作法**

❶ 白米洗淨，泡水20分鐘；番薯洗淨，去皮切塊備用。

❷ 白米連水倒進鍋中，煮滾後再加入番薯塊，煮熟即可。

為什麼能排毒？

番薯粥含豐富的膳食纖維，能發揮潤腸通便的效果，同時具有延緩衰老的作用。

銀耳甜薯湯

預防腸癌＋生津止渴

■ **材料**
番薯120克，乾白木耳50克

■ **調味料**
白糖2小匙

■ **作法**

❶ 材料洗淨；番薯去皮切塊；白木耳泡軟。

❷ 將番薯塊、白木耳放入鍋中，加入適量的清水，熬煮至熟軟。

❸ 再加白糖調味即可食用。

為什麼能排毒？

番薯中的膳食纖維能促進腸道蠕動；白木耳可清潔腸道。這道甜湯有助於排除腸道毒素，減少致癌率。

花生番薯湯 ②人份

活血化瘀＋改善便祕

■ 材料
番薯150克，花生仁50克，
老薑片少許，水2000c.c.

■ 調味料
黑糖2大匙

為什麼能排毒？
番薯含有多種維生素、礦物
質，可治熱病口渴、解酒
毒；膳食纖維可促進腸道蠕
動，幫助排除有害物質。

■ 作法
❶ 所有材料洗淨瀝乾；花生仁泡水6小時後瀝
乾；番薯去皮切塊。
❷ 湯鍋加入花生仁、老薑片和水，以大火煮滾
後，轉小火燜煮3小時。
❸ 最後加入番薯塊續煮10分鐘，再以黑糖調味
即可。

南瓜

預防感冒＋幫助消化

別　　名：金瓜、番瓜、麥瓜
食療功效：清熱解毒、延緩血糖上升、
　　　　　預防便祕、提高免疫力
O 適用者：肥胖、便祕者、老年人
X 不適用者：高血壓患者、黃疸患者

南瓜食療效果

Q1 吃南瓜可保護胃黏膜，幫助消化？

南瓜富含果膠成分，可保護胃黏膜不受刺激，減少潰瘍的發生，用南瓜煮粥或煲湯，對腸胃都有不錯的食療功效，有益於滋養腸胃、補中益氣。

南瓜有健胃消食的作用，是因為南瓜中豐富的胡蘿蔔素、維生素B群、C及鈣、磷等營養物質，可促進膽汁分泌，幫助腸胃蠕動，加速食物消化、吸收。

Q2 常吃南瓜有預防感冒的作用？

南瓜含有豐富的維生素C和胡蘿蔔素，可保護上呼吸道（鼻、口、喉嚨、氣管等部位）黏膜的健康，有效增強身體的抵抗力，經常食用南瓜，對預防感冒有不錯的食療效果。

南瓜表皮的黃橙色澤，來自於其所含的胡蘿蔔素，當南瓜進入人體後，胡蘿蔔素會轉換成維生素A，有益於強化免疫力、增強體質，尤其是感冒期間，多吃南瓜能減輕或舒緩感冒的病徵。

Q3 為什麼吃南瓜可預防便祕？

南瓜低糖、低熱量，加上含有豐富的膳食纖維，可減少宿便毒素對人體的危害，有很好的通便作用，尤其適合身體較虛弱的便祕患者食用。

南瓜通便的食療功效，主要是因其所含的膳食纖維，可幫助腸胃蠕動，降低便祕的發生。

營養師的保健課

Q1 南瓜是甜的，糖尿病患者不能吃？

✕ 錯

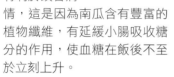

❶ 糖尿病患者長期食用南瓜，有利於改善病情，這是因為南瓜含有豐富的植物纖維，有延緩小腸吸收糖分的作用，使血糖在飯後不至於立刻上升。

❷ 南瓜含有豐富的微量元素鉻，可幫助人體內的胰島素發揮作用，逐步恢復正常功能，糖尿病患者經常食用南瓜，有益於減少口渴的症狀，還能幫助提振精神。

Q2 南瓜連皮吃較營養？

○ 對

❶ 南瓜皮含有大量的鋅，是促進人體生長發育的重要物質，有益於皮膚和指甲的健康；另一方面，多吃南瓜之類富含鋅的食物，也能預防感冒、提高人體免疫功能，及延緩老年黃斑部病變惡化。

❷ 南瓜連皮一起吃，除了可保留南瓜皮對人體有益的營養成分外，也能避免烹煮的時間過長，使南瓜煮得過爛，連皮一起吃，仍可保有些許口感，不至於太過軟爛。

營養師小叮嚀 南瓜可當成主食吃？

❶ 一般而言，南瓜適合當成主食吃，因為比起光吃白飯或麵條，吃南瓜可攝取更多的纖維、維生素A及其他微量元素，同時也能避免吃進過多的澱粉，增加肥胖的風險。

❷ 將南瓜當成主食吃並非人人適合，如糖尿病患者、腸胃功能不好，或容易有脹氣的人就不適合；尤其是糖尿病患者，建議將南瓜與白飯合煮成南瓜飯，食用量與平時的飯量相同（1碗白飯改為1碗南瓜飯），以免攝取過多糖分。

南瓜的飲食宜忌Yes or No

Yes	○ 南瓜含有多種營養素，能保護腸胃健康、增強體質，並能促進新陳代謝。 ○ 南瓜含有豐富的維生素E，有促進人體腦下垂體荷爾蒙分泌正常的作用，尤其適合正在生長發育的兒童食用，有助於身體健康。
No	✕ 南瓜適合做為主食來源，但糖尿病患者進食南瓜時，須計算攝取的分量，否則易造成血糖急速上升的情形。 ✕ 南瓜不能過量食用，因為其所含的胡蘿蔔素，會沉積在表皮的角質層中，使皮膚變黃，就像得了黃疸一樣。

南瓜優格沙拉

加速排毒＋增強免疫力

■ 材料
南瓜150克，葡萄乾100克，脫脂優格350克

■ 調味料
蜂蜜1大匙，鹽少許

■ 作法
1. 南瓜洗淨，連皮切成約1.5公分的厚片。
2. 將作法1放入電鍋，蒸至熟軟後盛盤，再撒上鹽調味。
3. 淋上優格和蜂蜜攪拌均勻，最後加入葡萄乾即可。

為什麼能排毒？

南瓜富含維生素C，其抗氧化功效可協助肝臟解毒，有助於人體排毒。

健康南瓜粥

防癌抗老＋清腸通便

■ 材料
南瓜220克，白米60克

■ 作法
1. 材料均洗淨；南瓜去皮、瓤和籽，切片。
2. 南瓜片和白米一起放入鍋中，加入適量的水熬煮成粥。

為什麼能排毒？

南瓜中的胡蘿蔔素能幫助身體抗氧化，有助於清除腸道中的致癌物質；膳食纖維能有效防止便祕。

南瓜燉肉

2人份

美顏抗老＋改善體質

■ **材料**

南瓜200克，豬肉50克，薑3片，水1/2杯

■ **調味料**

橄欖油1大匙，鹽1/2小匙，醬油1小匙

為什麼能排毒？

南瓜富含多種維生素和鈣、磷、鐵、鉀，能調節免疫功能，維護視力和皮膚健康。

■ **作法**

❶ 材料洗淨；南瓜去籽，切塊；豬肉切塊，以醬油醃漬約10分鐘。

❷ 熱油鍋，爆香薑片，放入鹽和豬肉塊略炒，續入南瓜塊。

❸ 將水倒入鍋中，蓋上鍋蓋，以小火燜煮10分鐘，至南瓜熟軟即可。

苦瓜

排毒去脂＋增進食慾

別　　名：涼瓜、癩瓜、錦荔枝
食療功效：降低血糖、防癌抗癌、消暑開胃、
　　　　　增進食慾
○ 適用者：痱子患者、糖尿病患者、癌症患者
✗ 不適用者：腸胃虛寒者

苦瓜食療效果

Q1 夏天吃苦瓜能消暑降火氣？

苦瓜含有膳食纖維和大量的維生素C，有很強的抗氧化作用，夏天吃苦瓜，尤其能消暑降火氣，只是需注意苦瓜適合榨汁，或製成沙拉食用，以免其中的維生素C流失。

中醫認為，苦瓜的性味苦寒，有清熱降火的作用，特別是在夏天時，身體容易起紅疹，或經常口乾舌燥的人，多吃苦瓜或喝些苦瓜汁、苦瓜湯，不但可消暑，還能改善火氣大的症狀。

Q2 為什麼吃苦瓜能激發人體免疫力？

現代醫學研究發現，苦瓜含有一種活性蛋白質，可激發人體免疫功能、增加免疫細胞的增生能力，並能清除體內的有毒物質，防癌、抗癌的功效顯著。

近來，國外科學家從苦瓜中提煉出一種類「奎寧」的物質，苦瓜的苦味即來自於此，可幫助控制血糖、提高人體免疫力，同時還有利於人體皮膚新生，使皮膚變得細嫩。

Q3 吃苦瓜為什麼能排毒去脂？

苦瓜的熱量低，加上其中所含的苦瓜素成分，可清除體內毒素，同時能有效抑制人體對脂肪的吸收。

苦瓜含有大量的纖維質和維生素C，對排毒清熱有很好的功效，尤其是經常便祕的人多吃苦瓜，能使排便更順暢。

營養師的保健課

Q1 孕婦不能吃苦瓜？

✗ 錯

1. 雖然苦瓜所含的類奎寧成分，可能會刺激子宮收縮，但是因為含量非常少，對孕婦並不會有明顯不利的影響，因此，孕婦可吃苦瓜，但是要少吃。
2. 婦女在懷孕期間常見的噁心、嘔吐等症狀，藉由吃苦瓜可獲得明顯的改善，能有效緩解孕期不適。
3. 苦瓜特有的苦味，有促進腸胃蠕動及刺激唾液、胃液分泌的作用，孕婦適量吃些苦瓜，可改善孕期食慾不振的問題。

Q2 多吃苦瓜可養顏美容？

○ 對

1. 苦瓜有排毒解毒、養顏美容的功效，尤其是女性可以多吃，有美膚、抗衰老的作用，同時能促進新陳代謝，並防止皮膚粗糙，使臉色紅潤不黯沉。
2. 苦瓜含有豐富的維生素B_1、C及鈣、鐵、磷等多種營養物質，經常食用，可去除青春痘或斑點，有美白淡斑的功效。
3. 苦瓜是一種很好的排毒蔬菜，可清熱、退火、解毒，幫助體內毒素排出，常吃苦瓜，對排毒、美容有很好的效果，可讓肌膚變得健康有光澤。

營養師小叮嚀 苦瓜子可以吃嗎？

1. 《本草綱目》記載：「苦瓜子味苦、甘，無毒。」新鮮的苦瓜子一般可當作水果或休閒零食食用，苦瓜子含有蛋白質、植物纖維、苦瓜素、碳水化合物等多種對人體有益的營養物質，有降低血糖、保護腸胃健康、防癌抗癌的功效。

2. 吃苦瓜時，不要把苦瓜子丟棄，將其洗淨並晒乾後，再加以烹調；苦瓜子的藥用價值很高，目前國內和世界許多國家，都將苦瓜子拿來入菜，尤其是用於治療糖尿病，有不錯的效果。

糙米的飲食宜忌Yes or No

Yes	○ 苦瓜中的苦瓜苷和苦瓜素可增進食慾、幫助消化，發揮開胃消食的作用。 ○ 苦瓜含有多種對人體有益的營養物質，且苦瓜中的糖分和脂肪含量都很低，適合減肥的人日常食用。
No	✗ 中醫認為，苦瓜生吃性寒，腸胃功能較弱的人，最好不要生吃也不要常吃，否則容易出現腹脹、腹瀉等腸胃不適症狀。 ✗ 苦瓜含有草酸，尤其不能吃太多生苦瓜，草酸攝取過量，會和體內的鈣結合，形成草酸鈣結石，不利健康。

酸辣苦瓜

代謝毒素＋調節血壓

■ 材料

苦瓜塊500克，辣椒碎10克，蒜茸20克

■ 調味料

果糖、檸檬汁各1大匙，鰹魚露1小匙，
冷開水2大匙

■ 作法

① 苦瓜汆燙後，放入冰水中冰鎮後瀝乾。

② 調味料加入蒜茸、辣椒碎，拌勻成醬汁。

③ 將作法1和醬汁拌勻，即可食用。

為什麼能排毒？

苦瓜具有減少腸道吸收脂肪、抗氧
化、降血脂、改善高血糖之效，血糖
和血脂較高者可常吃這道料理。

鳳梨燜苦瓜

保護細胞＋調節血壓

■ 材料

鳳梨、紅蘿蔔各35克，綠苦瓜125克，
水1/3杯

■ 調味料

橄欖油1小匙，糖1/4小匙

■ 作法

① 所有材料洗淨、去皮；綠苦瓜和鳳梨切
塊；紅蘿蔔切厚片。

② 熱油鍋，加糖略炒，再加水煮滾。

③ 將綠苦瓜、紅蘿蔔和鳳梨放入鍋中，煮至
湯汁收乾。

為什麼能排毒？

苦瓜消暑袪熱，且能補充豐富的維生
素C，能清除腸道廢物，幫助排便排
毒，保持肌膚水嫩亮麗。

苦瓜蘑菇豆腐湯

美容養顏＋排毒解熱

■ 材料
大黃瓜300克，洋菇40克，
苦瓜100克，豆腐140克，水720c.c.

■ 調味料
樹子2小匙，鹽1/2小匙，麻油1/4小匙

為什麼能排毒？

苦瓜含豐富的維生素B₁、C，有
助於抗氧化，對美白養顏、排毒
解熱，有極佳的功效。

■ 作法
1. 材料洗淨；大黃瓜切花塊；洋菇對切；
   苦瓜切塊；豆腐切片。
2. 大黃瓜、苦瓜、豆腐分別放入滾水中汆
   燙，撈出瀝乾備用。
3. 湯鍋加水煮滾，再加洋菇略煮，放入作
   法2、樹子和鹽同煮。
4. 熄火前淋上麻油即可。

番茄

整腸健胃＋促進代謝

別　　名：西紅柿、洋柿子、長壽果
食療功效：抗衰老、增強抵抗力
○ 適用者：近視者、貧血、高血壓患者
✗ 不適用者：急性腸胃炎患者、經痛婦女

番茄食療效果

Q1 為什麼吃番茄可幫助排除體內毒素？

番茄屬於鹼性食物，常吃番茄，能增加血液的鹼度，有助於清除體內多餘毒素，尤其可促進尿酸的排泄，對淨化腎臟有很好的功效。
番茄含有豐富的果膠和酵素，可幫助排除體內毒素，同時有整腸、健胃的作用，能有效改善便祕，加速腸道蠕動、排清宿便。

Q2 為什麼吃番茄有益於降低血壓、防治心臟病？

番茄含有豐富的茄紅素，有很強的抗氧化作用，大量攝取茄紅素，能降低血壓和膽固醇，對防止高血壓和心血管疾病有很大的幫助。
番茄中的鉀含量高，可促進人體血液中鹽分的排出，能有效控制血壓、保持血壓正常，同時也有助於預防或減少心血管病變。

Q3 吃番茄有增強免疫力、促進傷口癒合的作用？

番茄中所含的茄紅素，是一種很強的抗氧化劑，可促進傷口更快癒合，同時對於增強免疫力也有相當大的助益。
番茄含有大量的維生素C，經常食用，能有效修補傷口組織、促進傷口癒合，需特別注意的是，生吃番茄較能發揮食療效果，因為番茄中的維生素C，容易在加熱過程中被分解、氧化，烹調時間越長，維生素C流失就越多。

營養師的保健課

Q1 未成熟的青番茄也可以直接吃？

✕ 錯

1. 青色番茄為未成熟的番茄，含有一種稱為「番茄鹼」的毒素，如果吃這種未成熟的青色番茄，輕微者可能會感到嘴巴苦澀，嚴重者甚至會引起中毒，出現頭暈、噁心、嘔吐等症狀。

2. 最好避免吃青色番茄，因為其中所含的番茄鹼，不但是有毒物質，也屬於過敏物質，會對腸胃黏膜產生較強刺激作用，也會造成中樞神經麻痺。

Q2 吃番茄可消除疲勞，並能增進食慾？

○ 對

1. 番茄富含蘋果酸、檸檬酸等有機酸，有消除疲勞、促進新陳代謝的功效；尤其是因為天氣炎熱，致使食慾減退時，吃些番茄，除了可增進食慾，還能幫助消化、調整腸胃功能。

2. 中醫認為，番茄味甘、酸，性微寒，常吃番茄，能增進食慾，同時減緩因為胃脹或胃氣而引起的消化不良。

3. 番茄富含茄紅素，是一種很強的抗氧化劑，不論是生吃或熟食，都有消除疲勞、增進食慾的功效。

營養師小叮嚀 番茄生吃好還是熟食好？

1. 番茄生吃或熟食都有營養！把番茄當成水果生吃，可保留較完整的維生素C，有促進新陳代謝、防止肌膚老化的功效。此外，生吃番茄，也有開胃、提振食慾的作用。

2. 番茄煮熟吃，可幫助人體有效吸收茄紅素和胡蘿蔔素，因為茄紅素和胡蘿蔔素屬於脂溶性，經過加熱烹調後，人體吸收效果會更好。此外，煮過的番茄，還有保護肌膚免受紫外線傷害的作用，並能防止老化。

番茄的飲食宜忌Yes or No

Yes	○ 番茄含有大量的鐵質，有預防貧血、增強體力的功效。 ○ 番茄富含維生素C以及多種微量元素，把番茄當作水果長期食用，對於牙齦出血有一定的食療效果。
No	✕ 吃番茄有預防痛風的作用，但是已經罹患痛風者則要少吃番茄，否則會加重病情。 ✕ 空腹時不能吃番茄，因為番茄含有大量的膠質，容易刺激胃酸分泌，引起胃脹、胃痛等不適症狀，不利於消化，也易加重腸胃的負擔。

番茄多多

幫助消化＋促進腸道蠕動

■ **材料**

小番茄200克，小瓶養樂多3瓶，冰塊少許

■ **調味料**

果糖適量

■ **作法**

❶ 番茄洗淨，去蒂，放入果汁機中。

❷ 倒入養樂多、果糖與冰塊，一起打勻即可飲用。

為什麼能排毒？

番茄富含維生素A、B₁、C，可防止攝取過多鹽分，避免高血壓，也能促進胃液分泌，幫助蛋白質消化。

紅豔番茄水果盤

促進代謝＋延緩衰老

■ **材料**

番茄250克

■ **調味料**

白糖25克，水果醋10c.c.

■ **作法**

❶ 番茄洗淨，去蒂，用冷開水沖洗，瀝乾水分後切成塊狀，擺放於盤中。

❷ 番茄塊平均撒上白糖、淋上水果醋，放入冰箱冰2小時，即可取出食用。

為什麼能排毒？

番茄可抑制氧化，清除自由基，同時具有促進代謝之效；能維護血管，防止肌膚老化，使肌膚白皙動人。

紅茄蔬菜湯 2 人份

控制血壓＋保健腸胃

■ 材料
番茄2顆，洋蔥1/2顆，
高麗菜1/4顆

■ 調味料
鹽適量

■ 作法
1. 材料洗淨；番茄汆燙，去皮切塊；洋蔥去皮切丁；高麗菜切塊。
2. 鍋中加水煮滾，將洋蔥丁和高麗菜放入滾水中，略煮15分鐘。
3. 加入番茄續煮10分鐘，煮滾後加鹽調味即可。

為什麼能排毒？

番茄含有豐富的營養素，具有預防高血壓、保健腸胃、促進排便、解毒消脂等諸多功效。

洋蔥

清血排毒＋防止老化

別　　名：玉蔥、蔥頭、胡蔥
食療功效：降低血糖、改善便祕、
　　　　　預防骨質疏鬆
〇 適用者：高血壓患者、高血脂患者、
　　　　　動脈硬化患者
✗ 不適用者：腸胃功能不佳者、胃炎患者

洋蔥食療效果

Q1 為什麼吃洋蔥能防止老化？

洋蔥富含槲皮素，有很強的抗氧化力，可抑制因自由基所造成的老化；每天吃洋蔥，能促進脂肪代謝和新陳代謝的作用，有益於防止老化，間接預防老人痴呆症和老年慢性病。

洋蔥含有大量的微量元素「硒」，是一種強力的抗氧化物質，對防衰抗老有極大的功效，人體如果缺乏硒，會導致未老先衰。

Q2 洋蔥為什麼是清血排毒、減肥瘦身的好幫手？

洋蔥含有槲皮素，除了可清除腸道中多餘的油脂，還能促進血液循環，對清血排毒有很好的作用。

常吃洋蔥可有效降低血糖，並能清除體內的廢物，對促進肝臟脂肪代謝，也有很好的功效。此外，洋蔥也是減肥瘦身的好幫手，有利於消脂，幫助減重。

Q3 洋蔥有分解脂肪、降低膽固醇的作用？

洋蔥煮得越熟，越不具食療效果；生洋蔥具有分解脂肪、降低膽固醇的功效，既可調節血脂，還能改善動脈粥狀硬化。

洋蔥有助於分解脂肪，並有加速血液凝塊溶解的作用，在食用高脂肪食物或肉類時，可搭配洋蔥一起吃，有助於去油膩、降血脂。

營養師的保健課

Q1 炒熟後的洋蔥,營養價值比生洋蔥更高?

✕ 錯

1. 洋蔥含有維生素B群、C等水溶性維生素,不適合高溫加熱,隨著烹調時間越長,其營養素被破壞得越多,同時還會導致鉀、鉻等微量元素大量流失。
2. 每天生吃半顆洋蔥或喝等量的洋蔥汁,有降低膽固醇、預防動脈粥狀硬化的功效。
3. 洋蔥含有大量的類黃酮物質,對防癌、抗衰老有很好的作用,其中生洋蔥又比熟洋蔥效果來得好。

Q2 洋蔥有鎮靜神經、幫助睡眠的作用?

○ 對

1. 洋蔥含有豐富的類黃酮,加上本身較刺激的味道,有安定神經、幫助注意力集中的作用;另外,對消除疲勞、幫助睡眠也有很大的幫助。
2. 中醫認為,洋蔥有使精神安定的作用,有失眠症狀的人,睡前可將生洋蔥切塊後放在枕頭邊,能有效幫助睡眠,擺脫失眠的困擾。
3. 日本作家在其著作中,將洋蔥歸類為橙色食物,指常吃洋蔥有安心寧神的作用,可在心情沮喪時振作精神、恢復元氣。

營養師小叮嚀 **如何切洋蔥才不會刺激眼睛?**

1. 洋蔥含有豐富的硫化物,屬於揮發性物質,因此在切洋蔥時,常會使人流眼淚。在切洋蔥前,可先將菜刀放入冷水中浸泡,就不會因為眼睛受到揮發物質的刺激而流淚。
2. 將洋蔥對半切開後放入冷水中浸泡,或將洋蔥去皮後,整顆放入熱水中浸泡,同樣能防止刺激眼睛。
3. 洋蔥的氣味是經由鼻子間接刺激眼睛,切洋蔥時屏住呼吸,不要吸入洋蔥的氣味,也可減輕切洋蔥的刺激性。

洋蔥的飲食宜忌Yes or No

Yes	○ 洋蔥中的槲皮素有很好的美白效果,常吃洋蔥可抑制黑色素生成,對濕疹、蕁麻疹等皮膚病有改善的作用。 ○ 洋蔥含有豐富的膳食纖維,有刺激腸道蠕動的作用,可有效幫助排便順暢。
No	✕ 烹調洋蔥的時間不宜過久,因為烹調時間過長,不但會流失營養成分,也會降低口感,每次最好烹調約7、8分熟。 ✕ 生洋蔥的刺激性比較強,腸胃不好的人最好不要生吃,以免容易有脹氣的問題,導致腸胃不舒服。

柴魚洋蔥拌鮪魚

提振精神＋強化體力

■ **材料**
洋蔥300克，柴魚10克，
罐頭水煮鮪魚30克，熟芝麻1克

■ **調味料**
鹽1小匙，糖50克，白醋60克

■ **作法**
❶ 洋蔥洗淨，去皮切絲，用鹽抓拌；糖、柴
魚和白醋倒入碗中拌勻成醃汁。
❷ 醃汁與洋蔥絲拌勻，放入冰箱醃至入味。
❸ 將作法2盛盤，加入鮪魚，最後撒上熟芝
麻即可。

為什麼能排毒？

洋蔥含槲皮素，可促進血液循環；鮪
魚富含蛋白質，可強化肌肉組織。

鮮蔬豆腐湯

穩定情緒＋補充元氣

■ **材料**
洋蔥、馬鈴薯、高麗菜各200克，
豆腐100克，紅蘿蔔120克，蔥1支

■ **調味料**
鹽1小匙

■ **作法**
❶ 材料洗淨。洋蔥、馬鈴薯去皮切片；高麗
菜、紅蘿蔔切片；蔥切長段；豆腐切塊，
備用。
❷ 熱鍋加8杯水，加入作法1和鹽，水滾後
續煮30分鐘，待食材變軟後熄火。

為什麼能排毒？

洋蔥能改善大腦供血，預防血栓，也
能消除緊張的情緒；經常食用，可改
善體質，並增進腸胃功能。

番茄豆腐洋蔥沙拉 ②人份

排毒瘦身＋幫助排便

■ **材料**
番茄2顆，豆腐1又1/2塊，洋蔥1顆

■ **調味料**
橄欖油、葡萄酒醋各2大匙

為什麼能排毒？

洋蔥有安定神經、消除疲勞、解毒顧腎、清腸通便的作用；番茄具有排毒瘦身之效。

■ **作法**
1. 材料洗淨；番茄去蒂，切薄片；豆腐切薄片；洋蔥去皮切絲。
2. 所有調味料混勻。
3. 將番茄、豆腐交錯放置在盤中，再鋪上洋蔥絲，淋上作法2即可。

花椰菜

清腸排毒＋增強體質

別　　名：花菜、菜花
食療功效：通暢血管、利尿消腫、預防感冒
〇 適用者：兒童、小便不順、容易上火者
✗ 不適用者：泌尿道結石患者

花椰菜食療效果

Q1 為什麼吃花椰菜有增強免疫力、抗癌的作用？

花椰菜熱量低，膳食纖維含量高，另含有大量的維生素A、B群、E，除了可增強免疫力外，還有不錯的抗癌功效。

美國最新研究顯示，屬於十字花科蔬菜的花椰菜，含有一種化學物質「蘿蔔硫素」，有很強的抗癌活性，可幫助清除體內會致癌的自由基和毒素，同時有益於增強人體免疫力，並能對抗衰老。

Q2 花椰菜是幫助體內排毒的好幫手？

花椰菜的含水量高，加上富含膳食纖維，能有效幫助腸胃蠕動，清除體內多餘廢物，尤其是能把宿便排乾淨，對清腸、排毒有很好的功效。

花椰菜是含有類黃酮最多的食物之一，常吃花椰菜，可增強肝臟解毒能力，有助於清除體內毒素，同時能增強體質、提高抗病能力。

Q3 多吃花椰菜可幫助身體抵抗病菌、預防感冒？

花椰菜中的維生素C含量豐富，比許多蔬菜、水果高出好幾倍，對預防感冒、提高免疫力有很好的功效。

花椰菜富含胡蘿蔔素及鋅、磷、鐵、鈣等礦物質，有促進血液循環、加速新陳代謝的作用，能有效預防感冒，即使感冒也能很快痊癒。

營養師的保健課

Q1 生吃花椰菜較能完整吸收其養分？

✕ 錯

1. 花椰菜富含的維生素A，為脂溶性維生素，需要藉由食物中的油脂幫助吸收，經過加熱烹調後，可使人體更有效地消化、吸收。
2. 生吃花椰菜，口感較硬也不好消化，有些人吃了還容易脹氣，以油脂炒熟後再食用，除了較好咀嚼外，其中的養分也能充分被人體吸收。
3. 花椰菜含有豐富的纖維質，經過加熱烹調後，更容易被人體吸收。

Q2 兒童常吃花椰菜，可促進生長發育？

○ 對

1. 花椰菜含有豐富的蛋白質、胡蘿蔔素、磷、鐵及維生素A、C，容易消化，也能保護血液不受汙染，兒童經常食用，對促進生長發育有很好的作用。
2. 花椰菜含有大量的鈣，發育階段的兒童經常食用，能維持牙齒和骨骼正常，同時還有保護視力、提高記憶力的作用。
3. 花椰菜常出現於嬰兒或兒童保健食譜中，常吃花椰菜，對其生長發育有很大的幫助，可增強免疫力、對抗病毒，能有效預防小兒常見的感冒症狀。

營養師小叮嚀 花椰菜煮越久，抗癌成分流失越多？

1. 英國有研究指出，水煮花椰菜會流失其所含的抗癌成分！因為花椰菜中的抗癌成分屬於水溶性，遇到熱水容易流失，且煮的時間越久，養分被破壞得越多。
2. 想要保留花椰菜完整的抗癌養分，可用「水炒法」烹調，先用油翻炒花椰菜後，再加入適量的水燜熟。
3. 花椰菜中的維生素B群及C，也容易在烹調過程中遇熱流失或被破壞，避免用水煮烹調的方式，能減少營養素流失。

花椰菜的飲食宜忌Yes or No

Yes	○ 花椰菜熱量低、含水量高，具飽足感，也不易發胖，適合做為減肥的食材。 ○ 花椰菜含有豐富的維生素C，孕婦或是精神壓力大的人可多吃，有助調養體質、增強體力，並能強化免疫力。
No	✕ 在處理花椰菜時，不要將莖上的外皮削光，因為其中含有許多抗癌成分。 ✕ 花椰菜不能與豬肝一起吃，因為花椰菜中的大量纖維質，會影響人體對豬肝中鐵、銅、鋅等微量元素的吸收。

涼拌花椰菜

防癌抗癌＋保濕護膚

■ **材料**

花椰菜200克，紅蘿蔔片、紅甜椒片各適量

■ **調味料**

鹽5克，亞麻子油10克

■ **作法**

❶ 花椰菜分小朵洗淨。

❷ 用開水將花椰菜、紅蘿蔔片、紅甜椒片煮至微軟，撈起瀝乾。

❸ 在花椰菜上撒鹽，加紅蘿蔔片、紅甜椒片拌勻，淋上加熱的亞麻子油即可。

為什麼能排毒？

> 亞麻子油有抑制癌細胞生長的作用，且可增加肌膚的柔軟與保濕性。此道料理有抗癌、柔膚的效果。

綠花椰炒肉片

美白消脂＋抗氧化

■ **材料**

綠花椰菜200克，肉片50克，枸杞10克

■ **調味料**

鹽1/6小匙，橄欖油2小匙

■ **作法**

❶ 綠花椰菜洗淨，切小塊，和肉片分別汆燙備用。

❷ 熱油鍋，加入所有材料和調味料，拌炒均勻即可。

為什麼能排毒？

> 綠花椰菜中的纖維質，能吸附腸道的廢物和多餘油脂；維生素C有助美白、抗氧化。此道料理可美膚、消脂。

紅酒燉牛肉 ③人份

增強體力＋活血補血

■ 材料
牛肉塊50克，紅蘿蔔80克，
馬鈴薯100克，綠花椰菜50克，
高湯600c.c.

■ 調味料
紅酒100c.c.，鹽1/2小匙

為什麼能排毒？

花椰菜可抑制乳癌、胃癌細胞，
此道料理有排毒、防癌與瘦身的
功效。

■ 作法
1. 牛肉塊洗淨；花椰菜洗淨，切小朵。
2. 紅蘿蔔和馬鈴薯洗淨、去皮、切小塊。
3. 鍋中倒入高湯，放入花椰菜之外的材料，以
   大火煮滾，再轉小火燉煮25分鐘，最後加花
   椰菜續煮5分鐘即可。

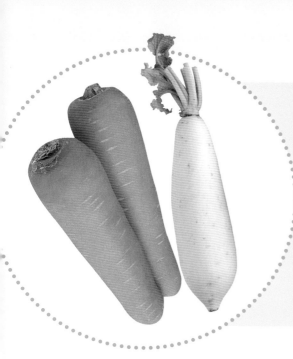

蘿蔔

養血排毒＋促進代謝

別　　名：菜頭、萊菔、大根
食療功效：開胃、助消化、保護視力、
　　　　　降低膽固醇
O 適用者：夜盲症患者、營養不良者
X 不適用者：慢性胃炎患者、胃潰瘍患者

蘿蔔食療效果

Q1 吃白蘿蔔有利於排出體內廢物，並能幫助消化？

白蘿蔔含有能開胃的芥辣素，與所含的另一種澱粉酶成分兩者相互作用，可促進腸胃蠕動、幫助消化，還能有效預防胃痛和胃潰瘍。

白蘿蔔含有豐富的維生素C，經常食用，除了可加速排出體內廢物，還能促進新陳代謝，減少身體多餘的脂肪。

Q2 吃紅蘿蔔可中和體內毒素，有很好的排毒效果？

紅蘿蔔富含胡蘿蔔素，有清熱解毒、潤腸通便的作用，對改善便祕症狀也很有幫助，可提高新陳代謝，並排除體內多餘的水分和廢物。

中醫認為，紅蘿蔔有養血排毒、健脾健胃的功效，不論是入菜或打成果汁，都有利排毒，是解毒效果很好的食物。

Q3 為什麼吃蘿蔔可幫助減肥？

蘿蔔含有澱粉酶、氧化酶等酶類，可加速食物中的澱粉和脂肪分解，減少脂肪的形成，經常食用有助減肥。

蘿蔔中大量的纖維質可促進腸道排毒，緩解因為排毒不順造成的肥胖，尤其是紅蘿蔔，能有效降低想吃甜食、炸物等高熱量食物的慾望。

營養師的保健課

Q1 白蘿蔔與紅蘿蔔同煮會破壞維生素C？

✕ 錯

❶ 紅蘿蔔富含的胡蘿蔔素，屬於脂溶性營養素，只有在含油脂的狀況下，才易於被人體吸收。紅蘿蔔中所含的維生素C，在長時間的水煮後，幾乎全被破壞，是否加入白蘿蔔一起烹調，已經沒有什麼差別。

❷ 白蘿蔔含有豐富的維生素C，有怕熱的特質，經過高溫烹調後，維生素C已流失大半，營養價值大打折扣，因此，與是否和紅蘿蔔同煮也沒有關係。

Q2 常吃蘿蔔有防癌、抗癌的功效？

◯ 對

❶ 白蘿蔔中的維生素C和紅蘿蔔中的胡蘿蔔素，兩種成分都能增強免疫力，並提高身體的抗病能力，對防癌、抗癌有很好的功效。

❷ 蘿蔔的防癌功效已經獲得專家證實。白蘿蔔中的木質素，可幫助人體提高吞噬癌細胞的能力；而紅蘿蔔則含有干擾素誘生劑，能有效抑制腫瘤生成。

❸ 生吃蘿蔔，最能發揮其防癌、抗癌的功效，特別是對鼻咽癌、食道癌、子宮頸癌等癌症，有顯著的抑制作用。

營養師小叮嚀 蘿蔔連皮一起吃，不但營養豐富還有食療價值？

❶ 蘿蔔中的鈣大多數都存在蘿蔔皮內，蘿蔔連皮一起吃，不但營養豐富，也有較高的食療價值。

❷ 蘿蔔皮含鈣豐富，另也含有大量的蛋白質、植物纖維及維生素C，因此，蘿蔔不論是生吃或熟食，最好都不要削皮。

❸ 白蘿蔔皮能開胃、助消化，單獨吃蘿蔔皮，對消除水腫尤其有效。此外，紅蘿蔔連皮吃，可吸收較完整的胡蘿蔔素。

蘿蔔的飲食宜忌Yes or No

Yes	◯ 生吃白蘿蔔，可利尿、解毒，有清心退火的作用；白蘿蔔煮熟吃，則有很好的排氣作用，可促進腸道蠕動，並能改善腹脹的問題。 ◯ 紅蘿蔔的營養素多為脂溶性，烹調時先用熱油炒過，可提高人體吸收率。
No	✕ 白蘿蔔性涼，兒童吃白蘿蔔需特別注意，尤其是消化不良的兒童不能多吃。 ✕ 想要懷孕的婦女，不能多吃紅蘿蔔，因為胡蘿蔔素會抑制卵巢正常排卵的功能，進而降低受孕的機率。

黃豆拌蘿蔔絲

對抗衰老＋降膽固醇

■ **材料**

黃豆100克，水2杯，海帶芽35克，
白蘿蔔150克

■ **調味料**

醬油1大匙

■ **作法**

❶ 黃豆浸泡一晚，加水以小火煮2小時。

❷ 白蘿蔔切絲；海帶芽泡熱開水，均瀝乾。

❸ 將所有材料拌勻，淋上醬油即可。

為什麼能排毒？

白蘿蔔與黃豆中的膳食纖維，有助腸
道清除毒素，改善便祕，且可促進腸
道消化，抑制癌症的發生。

紅蘿蔔竹筍湯

止咳化痰＋幫助消化

■ **材料**

竹筍120克，紅蘿蔔250克，海帶25克

■ **調味料**

鹽適量

■ **作法**

❶ 材料洗淨；竹筍、紅蘿蔔切小塊；海帶放
　入清水中泡軟，切塊。

❷ 竹筍、紅蘿蔔、海帶放入鍋中，加入適量
　清水熬煮成湯，加鹽調味即可。

為什麼能排毒？

海帶有助排除體內多餘水分；紅蘿蔔
助消化；竹筍能消痰。此道湯品可消
脂、促進廢物排除、清熱解毒。

紅蘿蔔煎餅 2 人份

清肺解毒＋保護血管

■ 材料
蘿蔔葉200克，菜脯10克，
紅蘿蔔汁250c.c.，澄粉10克，
在來米粉150克，滾水150c.c.

■ 調味料
橄欖油1大匙，鹽、糖各1/4小匙

為什麼能排毒？
紅蘿蔔是維生素A最佳來源之
一，搭配蘿蔔葉中的維生素
C，可加強抗氧化力；紅蘿蔔
中的鉀，能維持血壓穩定。

■ 作法
1. 蘿蔔葉洗淨，切段；菜脯切碎，浸泡於水中約10分鐘，瀝乾備用。
2. 將澄粉、在來米粉、鹽和糖加入鍋中拌勻，再加滾水混勻。
3. 紅蘿蔔汁慢慢混入作法2中，邊攪拌，邊放入菜脯碎和蘿蔔葉段，蓋上保鮮膜醒20分鐘。
4. 熱油鍋，將作法3倒入鍋中，煎至兩面呈金黃色即可。

蘆筍

保護血管＋消腫利尿

別　　名：龍鬚菜、石刁柏
食療功效：清熱解毒、保護血管、降低血脂、
　　　　　幫助消化
〇 適用者：水腫、高血脂症、心血管疾病患者
✗ 不適用者：痛風患者

蘆筍食療效果

Q1 為什麼常吃蘆筍能保護血管和降脂？

蘆筍熱量低、纖維多，含有人體所必需的各種胺基酸。常吃蘆筍，對預防高血壓、高血脂症及心血管疾病，有不錯的食療功效，既可保護血管又能降脂。

蘆筍含有芸香素、維生素C等成分，可降低血壓、減少人體對膽固醇的吸收，並能增強心臟血管功能，適合高血壓、冠心病患者經常食用。

蘆筍除了低卡、低糖、高纖外，另含有大量的鈣、磷等微量元素，適合一般人食用，有利於保護血管並降低血脂，還能有效預防心血管疾病。

Q2 常吃蘆筍能有效預防癌症？

蘆筍含有豐富的纖維質、維生素C，以及有抗癌作用的微量元素「硒」，可刺激腸胃蠕動，幫助腸道排出毒素，並減少致癌物質被人體吸收，對預防鼻咽癌、皮膚癌、淋巴癌、大腸癌等癌症的發生尤具功效。

現代醫學研究指出，蘆筍是很好的防癌蔬菜，有很強的抗氧化作用，尤其適合癌症患者經常食用，可促使細胞生長正常化，並有防止癌細胞擴散之效。

Q3 常吃蘆筍為什麼有消腫、排毒的功效？

蘆筍的根、莖所含的天門冬素，有降壓、利尿的作用，可幫助身體排出多餘的水分，因此，常吃蘆筍有利於消腫、排毒。

蘆筍的鉀含量豐富，可促進血液循環、加速水分代謝，同時能發揮利尿、消腫的作用，對於水腫的消除很有幫助。

營養師的保健課

Q1 蘆筍的營養豐富，孕婦或準備懷孕的婦女可多吃？

○ 對

❶ 蘆筍含有豐富的葉酸，婦女在懷孕前多吃蘆筍，可預防流產，或生出神經管有缺陷的胎兒，有益於嬰兒的正常生長發育。

❷ 蘆筍富含膳食纖維，有幫助消化、促進新陳代謝的作用，能有效緩解孕婦常見的便祕、腹脹等症狀。

❸ 女性在孕前或是懷孕初期多補充葉酸，可降低胎兒神經血管缺損的發生率。

Q2 常吃蘆筍可穩定血糖？

○ 對

❶ 英國一項研究報告證實，吃蘆筍有助於血糖控制！報告中指出，常吃蘆筍可抑制血糖濃度，並提高胰島素對人體的作用，能有效對抗糖尿病。

❷ 蘆筍中的鉻含量高，可調解血液中脂肪與糖分的濃度，因此，糖尿病患者多吃蘆筍，能有效降低血糖，並延緩糖尿病併發症的發生。

❸ 蘆筍中含有一種稱為「香豆素」的化學成分，有降低血糖的作用，可控制血糖值，適合糖尿病患者經常食用。

營養師小叮嚀 吃蘆筍可減輕宿醉症狀？

❶ 蘆筍中的胺基酸和礦物質等成分，可促進肝臟代謝，並能減少體內殘留酒精；蘆筍葉部的營養成分遠比莖部來得多。

❷ 喝酒之前，吃些蘆筍有預防宿醉的作用，可幫助肝臟細胞代謝酒精，並能大幅降低發生宿醉的可能性。

❸ 喝醉後吃些蘆筍，有一定的解酒、保肝作用，可加速分解體內的酒精，能有效緩解噁心、嘔吐、頭痛等常見的酒醉症狀。

蘆筍的飲食宜忌Yes or No

Yes	○ 蘆筍的維生素含量很高，當身體感到疲累時，吃些蘆筍可消除疲勞、恢復體力，並能加速新陳代謝、增強體質。 ○ 蘆筍有清熱氣、利小便的作用，特別適合經常口乾舌燥的人食用。
No	✕ 蘆筍是快熟的蔬菜，因此烹調時間不宜過久，以免其中的營養素（特別是維生素C）流失。 ✕ 蘆筍的普林含量很高，吃了之後，容易使體內的尿酸增加，痛風患者需謹慎食用，以免痛風發作。

素炒什錦

排毒消脂＋促腸蠕動

■ 材料
黑木耳、蘆筍段、玉米筍各30克，
蒟蒻100克，水50c.c.

■ 調味料
橄欖油1小匙，鹽、糖各適量

■ 作法
1. 材料洗淨；蒟蒻用熱水煮5分鐘，切長條；蘆筍去老皮切段；黑木耳切片；玉米筍切片。
2. 所有材料用小火炒至香味溢出後加水，加蓋燜煮約2分鐘，加鹽和糖調味即可。

為什麼能排毒？

蘆筍富含葉酸和膳食纖維，能加強代謝、排除體內毒素、預防便祕。

三絲炒蘆筍

維護肌膚健康＋強化免疫

■ 材料
新鮮黑木耳100克，蘆筍段80克，
金針菇50克，紅甜椒絲30克，大蒜碎20克

■ 調味料
鹽、米酒各1/2小匙，橄欖油1小匙，
胡椒粉1/6小匙

■ 作法
1. 材料洗淨；黑木耳切粗絲；金針菇切段。
2. 熱油鍋，爆香大蒜，放入黑木耳、金針菇略炒，加紅甜椒、蘆筍拌炒，再加鹽、米酒、胡椒粉，拌炒至熟即可。

為什麼能排毒？

蘆筍能促進上皮組織生長、維護肌膚健康與彈性，還可使眼睛明亮有神；黑木耳可通便、排毒和預防肥胖。

蘆筍炒蝦仁 ③人份

增加抗體＋保護肝臟

■ **材料**

蝦仁100克，蘆筍切段50克，
紅甜椒切片30克

■ **調味料**

鹽、胡椒粉各1/4小匙，
麻油1/2小匙，橄欖油1小匙

■ **作法**

① 材料洗淨；蝦仁汆燙備用。

② 熱油鍋，所有材料加入鹽和胡椒粉拌炒。

③ 起鍋前淋上麻油即可。

為什麼能排毒？

蘆筍、紅甜椒皆含維生素A、膳
食纖維，能抗氧化、幫助代謝腸
胃道中的廢物，排除多餘毒素。

香菇

排毒消脂＋幫助代謝

別　　名：冬菇、花菇、北菇
食療功效：降低血脂、減肥瘦身
○ 適用者：高血脂患者、糖尿病患者、
　　　　　 癌症患者
✗ 不適用者：痛風患者、高尿酸者

香菇食療效果

Q1　為什麼吃香菇有抗癌、抗病毒的效果？

香菇含有一種稱為「核糖核酸」的物質，可刺激人體本來就存在的干擾素發生作用，能有效強化免疫功能，並增強抵抗力，幫助身體抵禦外來細菌和病毒的侵害。

近來美國、日本科學家證實，吃香菇能有效防治癌症！香菇中的香菇多醣、β-葡萄醣苷酶，可抑制癌細胞生長及轉移，尤其對於胃癌、食道癌、子宮頸癌等癌症，有不錯的食療功效。

Q2　常吃香菇有利排毒消脂？

香菇是一種很好的排毒食物，因為香菇豐富的膳食纖維，可促進腸道蠕動，幫助腸道積存的廢物排出，達到排毒美顏的效果。

常吃香菇有助排毒，對減肥也有很好的輔助效果，可加速脂肪和膽固醇分解，並能促進體內排毒、幫助代謝。

Q3　常吃香菇能降低膽固醇，預防心血管疾病？

香菇富含膳食纖維，能與膽固醇結合，減少人體對膽固醇的吸收，並能防止血管硬化，有利於降低心血管疾病的發生率。

香菇含有大量的維生素C、P，其中維生素P有增強維生素C活性的作用，兩種營養素相互作用，可增加微血管的彈性和韌性，有利於保護心血管健康。

營養師的保健課

Q1 新鮮香菇較乾香菇營養價值高？

✕ 錯

❶ 香菇含有很多麥角固醇，是維生素D的先驅物質，經過日光或是紫外線的照射，會產生更多的維生素D，有預防老年骨質疏鬆症和軟骨症的作用。

❷ 乾香菇的水分含量少，營養較為集中，而新鮮香菇的水分含量多，其中的營養自然也少了許多。因此，乾香菇的營養價值要比新鮮香菇高出許多。

Q2 兒童常吃香菇可促進生長發育？

○ 對

❶ 香菇富含維生素D，可幫助人體吸收鈣，促進骨骼發育，對正在成長發育的兒童很有幫助；尤其適合因缺乏維生素D而導致軟骨症的患者食用。

❷ 香菇中的植化素，有安定腦幹區域自律神經的作用，兒童多吃，對大腦發育極有助益。

❸ 香菇具有高蛋白、低脂肪的特點，還含有促進生長發育的「多醣體」類物質，兒童常吃香菇，能促進血液循環，也不易罹患感冒。

營養師小叮嚀　香菇蒂頭能吃嗎？

❶ 許多人做菜，習慣將口感較差的香菇蒂頭切掉並丟棄，其實香菇全身都是寶，只要將香菇蒂頭洗淨後，置於陽光下晒乾，經乾燥處理過的香菇蒂頭營養價值不變，可做為零嘴食用。

❷ 乾燥處理過的香菇蒂頭，除了可直接吃，也能拿來入菜或煮湯，不但能增添風味，對人體健康也很有益處。但香菇蒂頭的普林含量很高，痛風患者或尿酸過高的人，最好避免食用。

香菇的飲食宜忌Yes or No

Yes	○ 香菇含有大量的蛋白質、多醣體及維生素B群、C，可增強人體的抗病能力，對預防感冒有一定的幫助。
	○ 香菇含有豐富的維生素B_{12}，對老年人有益，有助於減緩老年痴呆症的發生。
No	✕ 處理香菇時，不要過度清洗或浸泡，以免其中所含的胺基酸、多醣等成分溶解於水中，大大破壞了香菇的營養。
	✕ 購買香菇可以味道來評斷是否新鮮，新鮮香菇應是沒有味道的，如果有酸味或異味則表示不新鮮，不要購買。

香菇燴玉米筍

清理腸道＋活血補氣

■ **材料**

香菇150克，豌豆、玉米筍各100克

■ **調味料**

太白粉水1大匙，鹽1小匙，
胡椒粉1/2小匙，橄欖油2小匙

■ **作法**

❶ 材料洗淨。香菇泡軟；玉米筍對切。

❷ 熱油鍋，放入香菇、豌豆、玉米筍拌炒約
3分鐘後，放入鹽、胡椒粉炒勻。

❸ 最後加太白粉水勾芡，煮滾後即可。

香菇中的膳食纖維能保持腸道通暢；
香菇素可促進腸道新陳代謝。此道料
理具滋補腸道的食療功效。

香菇燴青江菜

幫助消化＋舒緩疲勞

■ **材料**

青江菜3株，香菇6朵，蔥、薑、高湯各適量

■ **調味料**

鹽、麻油各1小匙，醬油2大匙

■ **作法**

❶ 材料洗淨；青江菜切段；香菇泡軟，去蒂
切塊；蔥、薑切成細末。

❷ 熱油鍋，放入蔥、薑爆香，加入高湯、醬
油和鹽，再放入香菇與青江菜一起拌炒。

❸ 淋上麻油略炒後，即可起鍋。

香菇含有豐富的礦物質、纖維質，以
及多醣類化合物，可增強免疫力，促
進腸道蠕動、排毒及抗癌。

香菇紅麴海鮮飯 ②人份

排毒消脂＋保心護肝

■ 材料

長糯米100克，香菇10克，
蝦仁20克，新鮮干貝30克，
蝦米、蔥各5克，水2大匙

■ 調味料

橄欖油1小匙，紅麴醬2小匙，
醬油、麻油、鹽各少許

為什麼能排毒？

香菇中的膳食纖維可降低膽固
醇，預防心血管疾病，並具有協
助肝臟解毒的功效。

■ 作法

1. 材料洗淨；長糯米浸泡於水中約4小
   時；蔥切末。
2. 香菇、新鮮干貝切丁，和蝦仁分別汆燙
   後瀝乾備用。
3. 熱油鍋，放入蝦米、蔥末炒香，再加入
   作法2炒勻。
4. 將長糯米和橄欖油之外的調味料拌勻，
   放入鍋中蒸熟，再將作法3的所有材料
   拌入即可。

蘑菇

通便排毒＋強健骨骼

別　　名：蘑菰、肉蕈、白蘑菇
食療功效：防止便祕、降低膽固醇、
　　　　　促進新陳代謝
◯ 適用者：高血壓患者、糖尿病患者、老年人
✗ 不適用者：腎功能衰竭患者

蘑菇食療效果

Q1 有便祕的人常吃蘑菇可通便排毒？

蘑菇富含水溶性與非水溶性膳食纖維，可促進腸胃蠕動，幫助通便，對於改善便祕有很好的效果。

蘑菇有很好的排毒效果，可淨化血液、提高身體免疫力，還能幫助排除體內的廢物，尤其適合中、老年人經常食用。

Q2 為什麼常吃蘑菇能增強抗病能力？

蘑菇中含有一種抗病毒的物質「蘑菇多醣」，有助於增強免疫力，尤其適合兒童多吃，不但能預防呼吸道感染，對預防小兒白血病也很有幫助。

蘑菇含有胰蛋白酶等多種酶類，有益於促進腸道健康、幫助消化，因此，常吃蘑菇可增強人體抗病能力。

Q3 常吃蘑菇為什麼有助減肥？

蘑菇中含量豐富的維生素C，有助於合成「肉鹼」（可幫助燃燒脂肪），能有效提升脂肪分解的功效，加上蘑菇的熱量低，易有飽足感，常吃也不會發胖，對減肥瘦身有很大的幫助。

蘑菇中的膳食纖維、蛋白質及胺基酸等成分，比其他蔬菜要高很多，其所含的膳食纖維，能與膽固醇結合，減少膽固醇被小腸吸收，對促進新陳代謝有很好的功效，可加速排除體內的油脂，因此，常吃蘑菇有利於減肥。

營養師的保健課

Q1 吃蘑菇能促進腸道健康，無須限制攝取量？

✕ 錯

❶ 蘑菇中含有幾丁質，適量食用，可幫助腸胃蠕動並促進排便；但若過量食用，則會妨礙腸胃消化和吸收的功能。

❷ 蘑菇雖然營養豐富，但是一次不能吃太多，尤其是容易消化不良、肝臟功能不佳的人，或腸胃功能較差的兒童，最好不要多吃，以免更難消化，損害身體健康。

Q2 糖尿病患者應常吃蘑菇？

○ 對

❶ 蘑菇可調節體內糖分代謝，有降血糖作用，同時還能調節血脂、降低血液黏稠度，對糖尿病患者有不錯的食療功效。

❷ 蘑菇中的維生素D，可提高人體對鈣的吸收率，有利於骨骼健康；糖尿病患者可常吃，能有效改善一般常見的骨質疏鬆、腰背疼痛等症狀。

❸ 蘑菇的蛋白質含量非常高，可用來替代雞蛋或肉類的蛋白質，進而降低飲食總熱量的攝取，有利於控制糖尿病病情，適合患者日常食用。

營養師小叮嚀 如何分辨蘑菇是否有毒？

❶ **以顏色和形狀而言**：有毒蘑菇顏色較鮮豔，常見有紅、綠、黃、紫等色，且菌蓋凸起，傘面也常見有斑點；至於無毒蘑菇，顏色較暗淡，菌蓋較平，傘面也較為平滑。

❷ **以分泌物而言**：有毒蘑菇的分泌物濃稠，顏色多為褐色且有異味；而無毒蘑菇一般較為乾燥，折斷後的分泌液體為白色。

❸ **以味道而言**：無毒蘑菇有一種特殊的香味，而有毒蘑菇則有酸腐、腥臭的異味。

蘑菇的飲食宜忌Yes or No

Yes	○ 蘑菇含有豐富的維生素B群，加上含鐵量高，女性尤其可以多吃，能使肌膚潤澤、光滑，並有利於提高免疫力。 ○ 蘑菇富含人體必需的維生素、礦物質及胺基酸等營養成分，經常食用，可提高人體對食物的消化和吸收率。
No	✕ 清洗蘑菇時，最好不要在水中浸泡太久，以免營養成分溶解在水中。 ✕ 一般人最好不要自行採食野生蘑菇，以免誤食有毒蘑菇，引發頭痛、噁心、嘔吐、腹痛、四肢無力等不適症狀。

蘑菇蔥燒馬鈴薯

高纖低卡＋調理腸胃

■ **材料**

蘑菇180克，馬鈴薯100克，蔥段5克

■ **調味料**

醬油1大匙，橄欖油1小匙

■ **作法**

❶ 材料洗淨；馬鈴薯去皮，切小塊；蘑菇洗淨切片。

❷ 熱油鍋，放入蘑菇、馬鈴薯快炒，加入蔥段與醬油，燜燒5分鐘後起鍋。

為什麼能排毒？

蘑菇可清腸排毒，促進脂肪代謝；馬鈴薯屬於高纖、高營養價值的食物，食用後易有飽足感。

蘑菇雞湯

幫助代謝＋增強免疫

■ **材料**

蘑菇50克，雞腿2支，大蒜5顆，
蔥花5克，水1000c.c.

■ **調味料**

鹽適量

■ **作法**

❶ 材料洗淨；蘑菇對切；雞腿汆燙；大蒜去皮及頭尾。

❷ 取鍋加水、蘑菇、雞腿和大蒜煮滾，改小火續煮約15分鐘。

❸ 最後加鹽調味，撒上蔥花即可。

為什麼能排毒？

蘑菇能降低高血脂、高血壓及防止動脈硬化，改善腸胃功能；大蒜可增強人體抵抗力，防止腸道壞菌滋生。

蘑菇炒雙椒 2人份

恢復活力＋保護肝臟

■ 材料
青椒、紅甜椒各1/4顆，
洋蔥1/3顆，蘑菇200克

■ 調味料
米酒1大匙，鹽、橄欖油各1小匙

為什麼能排毒？

蘑菇中的膳食纖維，對促進腸道
蠕動、加速排除廢物極有助益；
所含多醣類，可協助肝臟及免疫
系統代謝有毒物質。

■ 作法
1. 材料洗淨；蘑菇切片；青椒、紅甜椒切大片；洋蔥去皮切塊。
2. 熱油鍋，放入洋蔥、青椒與紅甜椒翻炒。
3. 續入蘑菇拌炒，加上米酒略炒後，加鹽調味即可。

木耳

防治貧血＋防衰抗老

別　　名：桑耳、木樟、銀耳、雪耳
食療功效：防治貧血、預防血栓、
　　　　　緩解冠狀動脈粥狀硬化
〇 適用者：結石患者、心血管疾病患者
✕ 不適用者：腹瀉患者、孕婦

木耳食療效果

Q1 黑木耳為什麼堪稱為「人體環保清道夫」？

黑木耳富含植物膠質，除了可促進腸胃蠕動、防止便祕外，還有很強的吸附作用，可將無意中吃進肚子的異物吸附，排出體外，堪稱「人體環保清道夫」。
黑木耳含有豐富的纖維質，不但能加速腸道蠕動，還能減少體內脂肪的吸收，有利於排出廢物和毒素，尤其對於直腸癌或與消化道系統相關的癌症，都有不錯的食療效果。

Q2 為什麼常吃白木耳有增強體質、保持活力的功效？

白木耳富含多醣與水溶性膳食纖維，經常食用，可提高人體免疫力、促進新陳代謝，進而強化體質、保持活力，達到防衰、抗老的作用。
白木耳是一種含有豐富胺基酸和多醣的膠質食物，可提高呼吸道和肺部的防禦功能，有明顯增強免疫力和抵抗力的作用。

Q3 常吃黑木耳能改善貧血？

黑木耳含有豐富的蛋白質及鈣、磷、鐵等礦物質，有活血養血、促進血液循環之效，對於防治缺鐵性貧血尤有效果。
黑木耳是很好的補血食物，可搭配的食材很多，如豬肝、豬血、紅棗等，有貧血症狀的人常吃，能有效改善倦怠、臉色蒼白、精神不振等症狀。

營養師的保健課

Q1 黑木耳涼拌生吃,比熟食更有營養?

✕錯

❶ 黑木耳中的膳食纖維和黑木耳多醣,需要經過高溫加熱後,才能提高溶解度,使人體容易消化和吸收。

❷ 黑木耳煮熟吃,能提高營養價值。黑木耳含有對人體有益的營養成分「黑木耳多醣」,經過高溫加熱後,有較好的溶解性,易於被人體消化和吸收。

❸ 只有泡開未經烹調的黑木耳較難消化,尤其不利於消化功能較弱的兒童與老年人食用,將黑木耳煮熟再吃,更有利於營養成分的吸收。

Q2 老年人多吃木耳,有益身體健康?

○對

❶ 黑木耳含有卵磷脂、腦磷脂、鞘磷脂等磷脂類化合物,可提高記憶力,並延緩老年痴呆症的發生,還能降低血液中膽固醇、脂肪的含量,能有效預防老年人常見的心血管疾病。

❷ 白木耳的熱量低,含有豐富的膳食纖維、胺基酸、膠質等營養成分,適合老年人經常食用,有利於降低血脂並穩定血糖,同時還能促進血液循環,發揮防止肥胖和瘦身的效果。

營養師小叮嚀 白木耳放置時間過久不能吃?

❶ 市售白木耳通常會利用二氧化硫來漂白,因此購買時忌貪雪白、漂亮品,白木耳的本色應是淡黃色。細聞若有刺鼻味,切勿購買。

❷ 二氧化硫易溶於水,食用前可先以清水浸泡3~4小時,期間每隔1小時換水一次,可大幅減少添加物的殘留量。

❸ 變質的白木耳,會產生大量的酵米麵黃桿菌,吃了之後,容易出現嘔吐、腹瀉等症狀,嚴重者還可能出現中毒性休克。

木耳的飲食宜忌Yes or No

Yes	○ 中醫認為,黑木耳性平味甘,有補氣、益智、生血的功效,可改善血脈不通的症狀,對腰腿痠軟、肢體麻木,有不錯的食療效果。 ○ 白木耳特殊的多醣體成分,可保護腸道健康,有益於腸道內的益菌生長,並能抑制壞菌滋生。
No	✕ 黑木耳有很強的抗凝血及抗血栓作用,拔牙或手術前後,都應避免食用。 ✕ 老年人的消化功能較差,而白木耳又不易消化,為了避免老年人食用之後,可能會消化不良,宜將白木耳煮至熟爛後再吃。

辣炒木耳

烏黑秀髮＋降膽固醇

■ 材料
薑絲、辣椒絲各30克，黑木耳片200克

■ 調味料
麻油1/4小匙，橄欖油、鹽各1小匙

■ 作法
❶ 熱油鍋，加入薑絲和辣椒絲略炒。
❷ 將黑木耳片及調味料加入炒勻即可。

為什麼能排毒？

黑木耳含大量膳食纖維及微量元素，
具有降低膽固醇的效果，且可使臉色
紅潤，能預防白髮和掉髮。

木耳炒豆包

消脂排毒＋補充體力

■ 材料
黑木耳20克，豆包（未炸）1片，
高麗菜200克，水2大匙

■ 調味料
鹽1/2小匙，橄欖油2小匙

■ 作法
❶ 材料洗淨；豆包切條；黑木耳、高麗菜均
切絲。
❷ 熱油鍋，放入黑木耳絲和豆包條炒香。
❸ 加入高麗菜絲和鹽炒熟即可。

為什麼能排毒？

黑木耳可幫助排除體內多餘脂質和廢
物，能降低膽固醇。此道料理有消
脂、瘦身、排毒等多重功效。

冰糖銀耳蓮藕 ②人份

通便防癌＋降壓美膚

■ **材料**
水發白木耳、蓮藕片各150克

■ **調味料**
冰糖1大匙

為什麼能排毒？

白木耳富含維生素C、鉀、鈣、膳食纖維，有助於暢通血管、通便，也可降低膽固醇，達到控制血壓之效。

■ **作法**
❶ 湯鍋加入適量的水煮滾，放入蓮藕、白木耳。
❷ 以小火慢燉約40分鐘，至材料熟軟。
❸ 加入冰糖調味即可。

芝麻

潤腸通便＋美膚抗老

別　　名：胡麻、油麻、脂麻
食療功效：強化血管、保護心臟、促進發育
○ 適用者：習慣性便祕者、貧血、
　　　　　婦女產後乳汁缺乏者
✗ 不適用者：慢性腸炎患者

芝麻食療效果

Q1 常吃芝麻可潤腸通便，預防便祕？

芝麻富含大量的膳食纖維，以及油酸、亞麻油酸、次亞麻油酸等有益人體健康的油脂，經常食用，可幫助潤腸通便，能有效緩解腸燥便祕。

中醫將便祕患者分為實熱型和虛寒型2種，其中，虛寒型便祕的人不易有便意感，平時要好幾天才排便1次，外在表現多為怕冷、臉色蒼白、手腳冰冷、精神不振等。

Q2 為什麼常吃黑芝麻可保護皮膚健康？

黑芝麻含有豐富的維生素E，有很強的抗氧化作用，尤其是可以防止維生素C的氧化作用，進而提高維生素A的美膚功效，保護皮膚的健康。

除了維生素E外，黑芝麻還含有蛋白質、芝麻素、油酸、卵磷脂及鈣、鐵、磷等營養物質，可促進皮膚的血液循環，並增強皮膚的修復能力，對防止肌膚衰老、維護皮膚彈性具有重要的作用。

Q3 常吃白芝麻可增強免疫力及抗老防衰？

白芝麻富含芝麻素、芝麻酚及芝麻醇，有很強的抗氧化作用，可幫助體內清除自由基，並能增強人體免疫力，經常食用，更有防衰抗老的食療效果。

含有豐富多元不飽和脂肪酸的白芝麻，可防止體內產生過氧化脂質，發揮抗氧化、抗老化的作用。

營養師的保健課

Q1 吃芝麻對孕婦有益，可以多吃？

✕ 錯

❶ 芝麻中所含的維生素E等營養素，有益於孕婦和胎兒生長發育，孕婦懷孕期間吃芝麻，可幫助肚裡胎兒的頭髮又黑又亮，對於孕婦自身也有滋潤肌膚的作用。

❷ 雖然孕婦多吃芝麻有益，但是也不能多吃，因為芝麻含有豐富的油脂，熱量不低，尤其是肥胖的孕婦更要注意，以避免體重過重，增加身體負擔，尤有甚者，也會對胎兒的智商產生影響，故不宜過量食用。

Q2 腦力工作者應該多吃黑芝麻？

○ 對

❶ 腦力工作者如作家、教師、律師等，可多吃黑芝麻，黑芝麻中的卵磷脂、鈣、鐵含量很高，有助於集中注意力和強化記憶力。

❷ 黑芝麻中的維生素E，是活化腦細胞的重要成分，常吃黑芝麻有保護大腦、緩解腦部疲勞的作用，同時能減少罹患老人痴呆症的風險。

❸ 黑芝麻含有大量葉酸，可改善血管功能，進而刺激大腦活力，也能提高學習能力並預防痴呆症的發生。

營養師小叮嚀 芝麻營養豐富，但不能多吃？

❶ 芝麻雖然屬於健康的油脂，但是不能多吃，因為芝麻的油脂含量豐富，過量食用會攝取太多油脂。

❷ 芝麻熱量高，2湯匙芝麻的熱量，相當於1茶匙植物油；平時若要吃芝麻，炒菜的烹調用油就要減少，以免吃進過多的油脂。

❸ 炒過的芝麻比較燥熱，容易口乾舌燥、體質燥熱的人不能多吃，否則會加重燥熱的症狀。

芝麻的飲食宜忌Yes or No

Yes	○ 黑、白芝麻中的亞麻油酸成分，可降低膽固醇、維持血管彈性，並能預防動脈粥狀硬化，保護心血管的健康。 ○ 芝麻的含鈣量非常豐富，經常食用，對骨骼和牙齒的發育大有幫助。
No	✕ 雖然黑芝麻對孕婦自身和胎兒生長發育都有好處，但是不宜多吃，以免體重大幅增加，導致肥胖。 ✕ 存放芝麻製品應密封保存，同時避免日照或高溫，以免其中的脂質氧化，發生質變，產生對人體有害的自由基。

香烤堅果香蕉

控制血糖＋潤腸通便

■ 材料
香蕉300克，松子30克

■ 調味料
黑芝麻粉2大匙

■ 作法
❶ 烤箱先預熱攝氏100度，放入松子，調整烤箱溫度為攝氏90度，烤約15分鐘後取出，待涼備用。
❷ 香蕉去皮切塊、盛盤，將黑芝麻粉撒在香蕉上，最後撒上熟松子，即可食用。

為什麼能排毒？

芝麻中的維生素B_1，是人體必需的營養素；香蕉中的水溶性膳食纖維可延緩血糖上升速度，有助控制血糖。

醋溜白帶魚

提升注意力＋提高智能

■ 材料
白帶魚段150克，熟白芝麻2克

■ 調味料
橄欖油、糖各2小匙，米醋1大匙，
醬油、太白粉水各1小匙

■ 作法
❶ 熱油鍋，放入白帶魚煎至金黃色。
❷ 醬油、米醋和糖拌勻，加太白粉水勾芡。
❸ 作法1、2放入鍋中略炒，盛起後撒上白芝麻即可。

為什麼能排毒？

白芝麻中的鈣、鋅、磷含量很高，有利於集中注意力、提高智力，是極佳的健腦食物。

麻醬拌白菜 2 人份

控制血糖＋潤腸烏髮

■ 材料

大白菜250克，豆乾40克，
芫荽（香菜）20克

■ 調味料

醬油1大匙，麻油1小匙，鹽1/2小匙，
芝麻醬2小匙，芥末適量

為什麼能排毒？

芝麻可潤腸、通便、抗氧化，並
能降低膽固醇；大白菜有益消
化，可幫助排便。

■ 作法

1. 大白菜洗淨切絲，用冷開水浸泡10分鐘後
   撈出瀝乾，用鹽略搓出水，再用開水沖掉
   鹽分。

2. 豆乾汆燙後切絲；芫荽洗淨切碎；所有調
   味料拌勻成醬料。

3. 將所有材料放入碗中，淋上醬料，攪拌均
   勻即可。

核桃

促進代謝＋延緩老化

別　　名： 胡桃、羌桃、黑桃、山核桃
食療功效： 改善失眠、降低膽固醇、預防便祕
○ 適用者： 腦力工作者、高血壓患者、兒童、青少年
✗ 不適用者： 腸胃病患者

核桃食療效果

Q1 吃核桃可降低膽固醇、保護心血管？

核桃含有大量的多元不飽和脂肪酸，可降低血中膽固醇，還能維持動脈血管的健康和彈性，對高血壓、動脈硬化等心血管疾病有預防的作用。

根據美國最新一項研究證實，吃核桃可降低血壓和膽固醇；核桃中的Omega-3脂肪酸，可減少心律不整的發作機率，保護心臟健康。

Q2 為什麼吃核桃能抗衰老並促進新陳代謝？

核桃中所含的維生素B_2及鋅、錳、鉻等微量元素，有提高人體新陳代謝的作用，經常吃些核桃，除了可消除疲勞、增強體力，還能達到養顏美容的功效。

核桃含有豐富的亞麻油酸和次亞麻油酸，這兩種脂肪酸，都是幫助人體細胞正常運作不可或缺的必需脂肪酸，可防止細胞老化、延緩衰老。

Q3 吃核桃為什麼能幫助消化及排便？

核桃所含的纖維質相當豐富，纖維質有潤滑腸道的作用，可刺激腸胃蠕動、幫助消化，能有效防止便祕和痔瘡。

如果正餐吃得太油膩，飯後吃幾顆核桃，有助於減輕腸胃負擔、幫助消化，同時能減少高脂肪對動脈血管的損傷，進而防止動脈血管硬化。

營養師的保健課

Q1 核桃仁表面褐色薄皮有苦味，吃時最好去掉？

✗ 錯

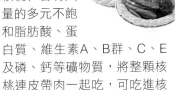

1. 核桃仁含有大量的多元不飽和脂肪酸、蛋白質、維生素A、B群、C、E及磷、鈣等礦物質，將整顆核桃連皮帶肉一起吃，可吃進核桃所有的養分。
2. 吃核桃仁時，將表面的褐色薄皮剝掉，會損失部分營養，因此最好不要剝掉外皮。如果不喜歡直接吃核桃仁，也可將核桃仁磨碎或搗成泥後，煮成核桃粥或核桃奶。

Q2 需要耗費腦力工作的人可經常吃些核桃？

○ 對

1. 核桃富含維生素B群、E，有強化記憶力和反應力的作用，適合平時需要耗費腦力的人食用。感到疲累時，嘴裡嚼些核桃，能舒緩疲勞和壓力。
2. 核桃中的鋅、錳等微量元素，是人體腦下垂體的重要成分，常吃核桃，對於大腦神經發育大有益處，可緩解大腦衰老，並改善記憶力和注意力。
3. 核桃能補腎健腦、補中益氣、潤肌膚、烏鬚髮；核桃很適合經常用腦過度的人食用。

營養師小叮嚀 多吃核桃有助遠離慢性病？

1. 屬於堅果類的核桃，含有豐富的纖維質、維生素、礦物質，及對人體健康有益的必需脂肪酸，經常食用，有助於降低血壓、血脂，並能使心肌梗塞的發病率顯著降低。
2. 核桃富含膳食纖維，有助於糖尿病患者控制血糖，還能防止視網膜病變、心血管疾病等糖尿病併發症的發生。
3. 核桃的不飽和脂肪酸含量較多，可軟化血管、預防動脈硬化。

核桃的飲食宜忌Yes or No

Yes	○ 核桃含有豐富的卵磷脂，可增強細胞活力、促進毛髮生長及預防白髮。 ○ 核桃富含維生素E，是極佳的抗衰老營養素，尤其女性可常吃，能使皮膚白嫩，有養顏護膚的功效。
No	✗ 核桃含有豐富的油脂，一次最好不要吃太多，以免容易上火、有噁心感，同時也會影響消化吸收的能力。 ✗ 核桃中的油脂雖然有助清除體內的膽固醇，有益於人體健康，但是因為熱量很高，不能多吃，以免造成肥胖，增加身體負擔。

蜜汁核桃

延緩老化＋改善記憶力

■ **材料**
核桃仁30克

■ **調味料**
蜂蜜1小匙

■ **作法**
❶ 將核桃仁放入平底鍋中，以小火炒至呈現金黃色。
❷ 倒入蜂蜜繼續翻炒，直至核桃仁均勻沾滿蜂蜜為止。

為什麼能排毒？

核桃可延緩老化、改善記憶力；蜂蜜的主要成分是果糖與葡萄糖，可直接被人體吸收，有利於補充體力。

核桃蓮子粥

防心血管病＋通腸利胃

■ **材料**
核桃、蓮子、紅棗各30克，糙米100克，水4杯

■ **調味料**
黑糖2大匙

■ **作法**
❶ 糙米洗淨，用熱水泡1小時；核桃烤熟搗碎；蓮子洗淨去心；紅棗洗淨去籽。
❷ 將所有材料入鍋煮滾，煮滾後轉小火，加入黑糖拌勻，續煮30分鐘即可。

為什麼能排毒？

核桃可降低血中膽固醇與三酸甘油酯的含量，有效預防心血管疾病；黑糖中的礦物質，有助經血順利排出。

核桃芡實粥

延緩老化＋穩定情緒

■ 材料
白米1杯，蓮子18克，
核桃仁、芡實各20克，水8杯

為什麼能排毒？
> 核桃仁富含維生素B群、E和鎂，
> 可穩定情緒，並能延緩老化，預
> 防健忘。

■ 作法
❶ 材料洗淨，泡水2小時。
❷ 所有材料放入果汁機中，打碎備用。
❸ 將作法2倒入鍋中，加水，以小火熬煮
　 成粥即可。

綠豆

排毒利尿＋清涼降火

別　　名：青豆、植豆、交豆
食療功效：清涼解渴、消暑利尿、增強體力
〇 適用者：肥胖、壞血病患者、
　　　　　口腔潰瘍患者
✗ 不適用者：體質虛弱者、兒童、老年人

綠豆食療效果

Q1 為什麼喝綠豆湯有清熱解毒的功效？

中醫認為，綠豆性涼，味甘，平時常喝可清熱利尿、消暑止渴，還能有效清除體內毒素，有很好的解毒、護肝作用。
喝綠豆湯降火氣的功效極佳，能有效緩解耳鳴、牙齦痛、流鼻血等上火症狀，同時可發揮解熱毒的作用，加速消除青春痘，調節內分泌並加速新陳代謝。

Q2 常吃綠豆也能利尿、防中暑？

綠豆含有豐富的膳食纖維、蛋白質、維生素A、B₁、B₂、E及鈣、磷、鐵等礦物質，有利於排毒、利尿；綠豆利尿、清熱的作用，也能幫助肝臟排毒，維護肝臟正常運作及健康。
中醫認為，綠豆有很好的利尿作用，可利水去濕、滋補益氣，尤其適合夏天飲用；還能預防中暑，並改善口渴、腹瀉等症狀。

Q3 為什麼喝綠豆湯能預防皮膚病？

中醫認為，常喝綠豆湯可幫助排出體內的毒素，並能加速血液循環、促進新陳代謝，對於夏天常見的皮膚病有不錯的食療效果，有益於緩解濕疹、蕁麻疹、過敏性皮疹等症狀。
將綠豆煮到綠豆皮破裂，且湯汁呈黃綠色，只喝綠豆水，剩下的綠豆渣則不吃，能發揮清熱解毒、消腫止癢的作用，可快速緩解皮膚不適的症狀。

營養師的保健課

Q1 夏季炎熱，天天喝綠豆湯，清涼又降火？

✕ 錯

❶ 雖然綠豆有清熱解毒、消暑止渴的功效，但是也不能天天喝，尤其是手腳冰冷，或有腹脹、腹瀉症狀等體質較虛弱的患者更要注意，以免體質越來越虛寒，免疫力也跟著降低。

❷ 綠豆含有大量的蛋白質，諸如：兒童、老年人、體質虛弱等腸胃消化功能較差的人，很難在短時間內消化這些綠豆蛋白，如果吃太多綠豆，容易因為消化不良而導致腹瀉。

Q2 腎功能不好的人不能喝綠豆湯？

◯ 對

❶ 腎功能不好的人不宜喝綠豆湯，因為綠豆的蛋白質含量很高，腎功能不好的人平日應避免高蛋白飲食，一方面可減少體內含氮廢物的累積，同時也能防止蛋白質造成腎臟負擔。

❷ 腎功能不好的人如果攝取過多的蛋白質，可能使蛋白質代謝後的尿素氮等廢物無法完全排出體外，容易引起頭暈、倦怠、嗜睡、貧血、皮膚搔癢等症狀，並加重腎臟病的病情。

營養師小叮嚀 綠豆燜煮太久，養分會遭破壞？

❶ 綠豆所含的蛋白質、維生素B群、澱粉酶、氧化酶及鐵、鈣、磷等營養物質，容易因為加熱時間過長而被破壞，並降低其清熱、解毒的功效，因此，燜煮綠豆的時間不能太久。

❷ 燜煮過久的綠豆，鮮綠的湯色會轉成紅色，不但少了顆粒的口感，綠豆原有的清熱、解毒功效也會喪失，使得營養成分及藥用功效大打折扣；建議先將生綠豆加冷水煮滾後，再燜煮約5分鐘左右即可。

綠豆的飲食宜忌Yes or No

Yes	◯ 夏天常喝綠豆湯，可清熱降火還能預防中暑，對高血壓、動脈硬化、腸胃炎等，也有一定的食療效果。
	◯ 綠豆含有豐富的蛋白質和磷脂，有幫助消化、增進食慾的作用，尤其是夏常吃，還能達到清熱解暑的食療效果。
No	✕ 正在服用中藥的人最好不要吃綠豆，因綠豆有解毒作用，可能會影響藥效。
	✕ 女性月經來時，不適合喝綠豆湯，因為此時女性的身體處於失血狀態，如果再吃綠豆等較寒涼的食物，可能會導致經痛。

芝麻綠豆飯

解毒降火＋利尿消腫

■ 材料

白米100克，綠豆、西洋芹各50克，
水1杯，黑芝麻2大匙

■ 作法

❶ 全部材料洗淨；綠豆泡水1小時；西洋芹
切丁。

❷ 白米、綠豆和西洋芹放入電鍋，加水，煮
熟後燜10分鐘。

❸ 加入黑芝麻拌勻即可。

為什麼能排毒？

綠豆清熱解毒、降火，有利尿消腫的
功效。體質燥熱、火氣大的人，可多
吃綠豆，幫助排除體內的熱毒。

山楂紅棗綠豆湯

清涼解渴＋降低血脂

■ 材料

紅棗、山楂各20克，綠豆40克

■ 調味料

冰糖2小匙

■ 作法

❶ 綠豆泡水3小時；山楂洗淨備用。

❷ 湯鍋加入適量的水，煮滾後放入綠豆、山
楂、紅棗，邊攪拌邊以小火慢煮至熟。

❸ 加入冰糖調味即可。

為什麼能排毒？

綠豆有清熱止渴的功效，是消暑聖
品。高血壓和高血脂症患者常吃綠
豆，可輔助降血壓和防止血脂升高。

冰糖綠豆糯米粥 ②人份

調節血壓＋改善血液循環

■ 材料
綠豆30克，圓糯米20克，水適量

■ 調味料
冰糖1大匙

為什麼能排毒？

> 綠豆高鉀低鈉、富含鈣質，具有良好的降壓作用；所含胺基酸、維生素E，可改善血液循環。

■ 作法

❶ 材料洗淨；綠豆泡水3小時，圓糯米泡水4小時，分別撈起瀝乾備用。

❷ 湯鍋加入適量的水，以大火煮滾，把綠豆和圓糯米放入鍋中，邊攪拌邊以小火熬煮至熟爛。

❸ 最後加冰糖調味，即可熄火。

黑豆

軟化血管＋健胃整腸

別　　名：烏豆、黑大豆
食療功效：美容烏髮、預防便祕、動脈硬化、
　　　　　促進腸胃蠕動
〇 適用者：女性、高血壓患者、心臟病患者
✗ 不適用者：嬰兒、學齡前兒童

黑豆食療效果

Q1 為什麼吃黑豆能有效預防便祕？

黑豆含有大量的粗纖維，可促進腸胃蠕動並幫助排便，能有效預防便祕及其他
腸胃問題如痔瘡等，更有健胃整腸、幫助消化的功效。
除了粗纖維外，黑豆中也含有大量的水分，腸道受到水分的滋潤後，可增加糞
便內的水分，使糞便容易排出，同時體內的脹氣與毒素也能順利排除，促進腸
道健康。

Q2 吃黑豆為什麼能幫助體內排毒？

黑豆含有豐富的維生素、核黃素（維生素B_2）及花青素，對防衰抗老、美容養
顏、增強體質，都有不錯的功效。
黑豆性平，味甘，有利水解毒、調中下氣、活血明目等作用，是很好的排毒食
材，可強化腎臟的排毒功能，常吃黑豆，有不錯的排毒和解毒效果。

Q3 吃黑豆有助於降低膽固醇，並預防心血管疾病？

黑豆的熱量低、不飽和脂肪酸含量高，可軟化血管、擴張血管，並促進膽固醇
的代謝，還具有降低血壓、血脂及防止動脈硬化的功效。
黑豆中的鉀，可幫助排出人體多餘的鈉，能有效預防並降低血壓，同時減少心
血管疾病的威脅。根據最新醫學研究指出，當人體補充足夠的鉀，能大幅降低
心臟病和中風的發生率。

營養師的保健課

Q1 黑豆可消除水腫，懷孕婦女可多吃？

✕ 錯

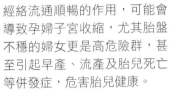

1. 中醫認為，黑豆有活血、利尿、促進血液循環、經絡流通順暢的作用，可能會導致孕婦子宮收縮，尤其胎盤不穩的婦女更是高危險群，甚至引起早產、流產及胎兒死亡等併發症，危害胎兒健康。

2. 懷孕期間的婦女不能吃黑豆，但是卻有利於正在坐月子的婦女，產婦多吃黑豆，除了可消除水腫外，還能促進血液循環、改善手腳冰冷的症狀。

Q2 常吃黑豆能防止大腦老化、預防痴呆症？

○ 對

1. 黑豆含有蛋白質、胺基酸及鈣、鐵、鋅、銅、硒等微量元素，可強化大腦細胞，防止大腦因老化而變得遲鈍。

2. 黑豆富含花青素，可增強大腦功能，延緩腦神經退化，並提高對腦細胞病變的預防能力，能有效防止老年痴呆症。

3. 常吃黑豆可促進大腦的血液循環，並改善頭暈、耳鳴、健忘等症狀，黑豆常與杜仲、糙米、排骨等食材一起熬湯，對痴呆症有很好的食療效果。

營養師小叮嚀 黑豆煮熟後吃，有益人體健康？

1. 黑豆含有一種胰蛋白酵素抑制劑，會阻礙人體對蛋白質的吸收和利用，經過高溫加熱後，這種對人體不利的成分會被破壞。因此，黑豆煮熟後吃，不但可充分吸收營養，也能幫助消化。

2. 黑豆是不易被消化的豆類食物，如果直接生吃，其所含的養分可能不容易被人體吸收，使得食療效果大打折扣。

3. 生吞黑豆不利人體健康，因為黑豆中的寡醣容易引起脹氣，造成腸胃不適。

黑豆的飲食宜忌Yes or No

Yes	○ 黑豆富含維生素E，有很強的抗氧化作用，經常食用，能減少皺紋的產生，對養顏美容有很好的功效。 ○ 黑豆含有大量維生素A和花青素，可防止視力減退，緩解眼睛疲勞。
No	✕ 黑豆雖然營養豐富，但是不能過量食用，尤其是尿酸過高的人更不能多吃，以免導致痛風發作。 ✕ 吃黑豆時，最好不要整顆生吞，因為黑豆不易消化、吸收，尤其是腸胃功能較差的人，生吞黑豆易引起腸道阻塞。

黑豆蜜茶

幫助消化＋修復傷口

■ 材料
黑豆100克，水3杯

■ 調味料
蜂蜜1大匙

■ 作法
① 黑豆洗淨，乾炒至皮裂。
② 水倒入鍋中，煮滾後加入黑豆，轉小火煮10～15分鐘。
③ 顏色變深後熄火略燜，飲用前濾掉豆渣，加入蜂蜜調味即可。

為什麼能排毒？

> 黑豆活血、利水，能促進血液循環和傷口癒合；此道茶飲能幫助消化，改善水腫。

豆豆粥

防視網膜病變＋高纖降糖

■ 材料
綠豆、白米各30克，枸杞10克，
黑豆、紅豆、薏仁、玉米粒各20克

■ 調味料
蜂蜜少許

■ 作法
① 將所有豆類和薏仁分別泡水備用。
② 湯鍋加5碗水，將所有材料滾煮至熟，再加入蜂蜜調味即可。

為什麼能排毒？

> 枸杞有助預防視網膜病變；豆類的升糖指數（GI值）較低，且能提供大量的粗纖維，有延緩血糖上升的作用。

黑豆豬腳湯

代謝膽固醇＋增加抗體

■ **材料**
豬腳200克，黑豆50克，
王不留行20克，水4杯

■ **調味料**
鹽1/2小匙

為什麼能排毒？

> 黑豆中的不飽和脂肪酸，易被人
> 體消化吸收，能促進成長，有助
> 人體產生抗體，代謝膽固醇。

■ **作法**

1. 食材洗淨、瀝乾；豬腳剁小塊，汆燙；黑豆泡水3小時。

2. 將豬腳、黑豆放入鍋中，加水和王不留行，以中火煮滾，再轉小火熬煮1小時。

3. 待豬腳熟爛後，加鹽調勻即可食用。

糙米

有助排毒＋抗老減肥

別　　名：玄米、胚芽米
食療功效：淨化血液、治療便祕、
　　　　　　調節體內新陳代謝
○ 適用者：肥胖、貧血者、便祕、糖尿病患者
✗ 不適用者：老年人、體質虛弱者

糙米食療效果

Q1　為什麼吃糙米易有飽足感，有利於減肥？

糙米是稻穀除去殼後的米粒，其所含的纖維質比白米高出3倍之多，加上糙米飯的升糖指數（GI值），相較於白米飯低了許多，且易有飽足感，有利於控制食量，能有效幫助減肥。

糙米的熱量低且含有豐富的膳食纖維，想要減肥的人以糙米飯做為主食，較易有飽足感，可降低食慾及熱量攝取，並防止復胖。

Q2　吃糙米為什麼能促進新陳代謝，有排毒的功效？

糙米中含有大量的維生素B群及鋅、鎂等微量礦物質，常吃糙米，可促進體內新陳代謝並調節內分泌，還能幫助排毒，使肌膚保持健康。

糙米有很好的排毒作用。常吃糙米，有助於將人體內的食物添加劑、放射性物質等毒素排出體外，避免有毒物質殘留在體內。

Q3　吃糙米能防止過敏性皮膚病的發生？

糙米所含的維生素B群、E等成分，有促進血液循環、提高人體免疫力的作用，同時能有效預防過敏性皮膚病的發生。

日本最新研究指出，常吃糙米能淨化體內血液，並使紅血球的活動力增強，有益於預防過敏性皮膚病，對兒童常見的濕疹、蕁麻疹尤有功效。

營養師的保健課

Q1 糙米飯營養豐富，可做為三餐的主食？

✕ 錯

❶ 由於糙米含有大量纖維質，比較難消化，剛開始吃糙米的人最好仍以白米為主，再依照各人腸胃的適應狀況加以調整，每次酌量加入少量糙米，找到自己適合吃的糙米量。

❷ 糙米飯不是吃得越多越好，也不是人人都適合吃，除了腸胃道功能較弱的人外，腸胃道尚未成熟的兒童，或腸胃道已退化的中老年人，最好也不要過量食用，以免導致腸胃不適。

Q2 吃糙米有助於改善憂鬱症病情？

○ 對

❶ 憂鬱症與缺乏維生素B群兩者是息息相關的，憂鬱症患者多吃糙米這類富含維生素B群的食物，可幫助維持情緒的穩定，對於抵抗憂鬱很有幫助。

❷ 糙米含有效調節抑制焦慮感和壓力的血清素；因此，當情緒低落時，適量吃些糙米，可以提升活力，也能幫助改善憂鬱症的病情。

❸ 糙米中的菸鹼酸，是人體必需的一種營養物質，人體如果缺乏菸鹼酸，會使人變得悲觀消沉，容易有憂鬱的傾向。

營養師小叮嚀 吃糙米能預防老化？

❶ 糙米含有豐富的蛋白質、醣類、維生素A及B群，可強化神經系統功能，有預防衰老的功效。

❷ 糙米的防衰老作用，在於其富含的膳食纖維可提升免疫力、加速新陳代謝，常吃糙米有很好的抗衰老作用，同時能促進細胞健康生長。

❸ 糙米富含維生素E，可協助體內清除自由基，能有效避免皮膚及血管組織退化，達到延緩老化的功效。

糙米的飲食宜忌Yes or No

Yes	○ 糙米含有豐富的維生素D，除了能幫助人體對鈣的吸收外，也有助於軟化血管、防治高血壓，並降低罹患心血管疾病的風險。 ○ 常吃糙米能保持血糖穩定、防止尿酸過高，有助於降低罹患糖尿病的風險。
No	✕ 烹煮糙米時需注意，不要將糙米直接放入鍋中，最好先浸泡在冷水中一段時間，等糙米吸入水分後再煮，口感會比較好。 ✕ 淘洗糙米時需注意，不要將浸泡糙米的水倒掉，最好連同糙米一起烹煮，以免其中的水溶性營養素流失。

養生糙米漿

增強體力＋防動脈硬化

■ 材料
糙米120克，水8杯，熟花生仁80克

■ 調味料
冰糖8大匙

■ 作法
1. 糙米洗淨，用溫水泡3小時，與熟花生仁一起放入果汁機中，攪打3～5分鐘。
2. 取鍋加水煮滾，倒入作法1，水滾後放入冰糖，攪拌至融化即可。

為什麼能排毒？

糙米與花生皆含大腦所需的必需胺基酸與維生素B群，能提高認知能力與記憶力。

排骨糙米飯

祛除熱毒＋活化肝功能

■ 材料
小排骨200克，蔥1支，糙米1杯，枸杞適量

■ 調味料
鹽、醬油、苦茶油、白胡椒粉各少許

■ 作法
1. 糙米用水浸泡4小時；蔥切段。
2. 小排骨汆燙後用冷水沖淨；調味料拌勻，放入小排骨略醃。
3. 將所有材料和1杯水裝碗，放入電鍋，外鍋加1杯水，煮至開關跳起後再燜10分鐘即可。

為什麼能排毒？

糙米中的酵素可幫助排除有毒物質，活化肝臟功能，促進血液循環。

糙米炊飯

淨化血管＋消積排毒

■ 材料
雞腿1支，糙米1杯，馬鈴薯150克，甜椒、洋蔥各50克，紅蘿蔔100克

■ 調味料
橄欖油2小匙，鹽少許

為什麼能排毒？

糙米可淨化血管、促進代謝；和蔬菜同煮，有助於毒素排出，幫助營養吸收，達到防癌功效。

■ 作法
1. 材料均洗淨。糙米泡水1小時；其餘材料切塊備用。
2. 熱油鍋，雞塊煎至金黃後，加入所有蔬菜翻炒至洋蔥軟化，加鹽調味。
3. 將作法2鋪在電鍋內，放入糙米，以1：1.5的比例加水，煮至開關跳起，迅速將材料和米飯拌勻，續燜約30分鐘即可。

薏仁

消暑益氣＋改善過敏

別　　名：苡米、薏苡仁
食療功效：利水消腫、美膚防皺、平穩血糖、
　　　　　　　促進新陳代謝
○ 適用者：體質虛弱者、消化功能不良者
✗ 不適用者：孕婦、便祕者、頻尿者

薏仁食療效果

Q1　薏仁對健康很有益處，堪稱「人體清道夫」？

薏仁的膳食纖維含量豐富，每天適量吃些薏仁，可降低血中膽固醇和三酸甘油酯，能有效預防高血壓、中風、心臟病等疾病的發生。
薏仁富含多醣體，可提升身體的免疫力、減輕疲勞感、增強體力，同時還有抗癌的作用，能抑制癌細胞的增生和轉移，對防治肺癌、大腸癌有不錯的效果。

Q2　為什麼吃薏仁有助消除疲勞？

薏仁中的膳食纖維、維生素B群、E等營養素，有促進腸道健康的功效，當身體感到疲累時，吃些薏仁，能幫助消除疲勞並增加活力。
中醫認為，氣虛型體質的人容易感到疲倦且較難消除，此時吃些薏仁，可幫助體內代謝正常，及時排除體內代謝的廢物，能有效消除疲勞。

Q3　吃薏仁可改善皮膚嚴重過敏？

薏仁含有豐富的維生素B群，可促進體內的水分和血液代謝、改善代謝症候群，對於維持皮膚健康很有幫助，尤其用於緩解下肢濕疹，有不錯的療效。
中醫認為，薏仁性微寒、味甘淡，有利水排毒的作用，可幫助身體排除過敏原，有益於調節免疫功能、改善過敏體質。

營養師的保健課

Q1 夏天吃薏仁可消暑解熱？

○ 對

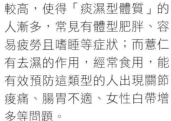

① 中醫指出，台灣夏天氣候炎熱，加上濕度較高，使得「痰濕型體質」的人漸多，常見有體型肥胖、容易疲勞且嗜睡等症狀；而薏仁有去濕的作用，經常食用，能有效預防這類型的人出現關節痠痛、腸胃不適、女性白帶增多等問題。

② 夏天暑熱傷人，體質虛弱的人容易出現汗多、疲倦、食慾不振、四肢無力等症狀，可將薏仁與綠豆、蓮子一起煮食，對清熱消暑有很好的作用。

Q2 糖尿病患者以薏仁為主食，有助穩定血糖？

○ 對

① 薏仁的熱量低且含有豐富的膳食纖維，可延緩血糖上升的速度，糖尿病患者適量食用薏仁，有利於血糖控制。

② 糖尿病患者日常三餐，可以薏仁取代米飯做為主食，一方面能抑制飯後血糖快速上升，有利於穩定血糖，同時還能增加好的膽固醇濃度。

③ 薏仁和米飯同是澱粉類食物，所以糖尿病患者吃了薏仁後，就要減少米飯的攝取量，以免攝取過高的熱量，使得血糖不易控制。

營養師小叮嚀 多吃薏仁有益人體健康？

① 薏仁的主要成分為澱粉，當攝取量超過人體所能負荷時，會以脂肪形式儲存在體內，長期下來，可能會造成血管硬化、三酸甘油酯升高，增加罹患心血管疾病的風險。

② 薏仁烹煮過後黏性較高，體質較虛寒或有便祕現象的人不能吃太多，否則會引發腸胃不適、消化不良。

③ 中醫認為，懷孕或正值生理期的婦女也應避免吃薏仁，因為可能會刺激子宮，導致嚴重的經痛或流產。

薏仁的飲食宜忌Yes or No

Yes	○ 吃薏仁可促進體內水分新陳代謝，有消腫、利尿的功效，同時還有利於減肥與美白肌膚。 ○ 常喝薏仁水，是不錯的排毒方法；薏仁的熱量低，加上又有利尿、消腫的作用，可促進體內血液循環，並能幫助排便，有助於改善水腫型肥胖。
No	✕ 由於薏仁中的磷含量較多，腎臟病患者最好先請醫師檢查血液裡的磷離子濃度高低，再決定是否食用。 ✕ 孕婦最好不要吃薏仁，其利水作用，可能會間接造成羊水不足而導致流產。

紅豆薏仁紫米粥

強脾健胃＋促進代謝

■ **材料**
紅豆30克，薏仁20克，紫米1/2杯，水4杯

■ **調味料**
黑糖2大匙

■ **作法**
① 材料洗淨；紅豆、薏仁和紫米分別泡水1～2小時；紅豆以5杯水熬煮30分鐘。
② 鍋中倒入水，加紫米、薏仁和紅豆，以小火續煮至軟爛，加黑糖調味即可。

為什麼能排毒？

> 薏仁富含膳食纖維，可舒緩腸道緊張，改善腹瀉症狀，還具有強健脾胃、促進新陳代謝的作用。

薏仁鯽魚湯

低卡減重＋清腸排毒

■ **材料**
韓信草、蛇舌草各25克，薏仁50克，鯽魚200克，水2000c.c.

■ **調味料**
鹽1小匙

■ **作法**
① 食材洗淨瀝乾；薏仁泡水2小時。
② 湯鍋加水、韓信草、蛇舌草及薏仁煮滾，加入鯽魚，煮滾後轉小火續煮2小時。
③ 濾掉藥材加鹽調味，即可食用。

為什麼能排毒？

> 薏仁利水清熱，能幫助清除腸道毒素與廢物，有利平衡腸道生態環境；亦含膳食纖維，能增加腸道益菌。

高粱薏仁鮮蔬飯 ④ 人份

幫助消化＋美白退火

■ **材料**
白高粱、薏仁各1/2杯，白米1杯，
水2.5杯，紅蘿蔔30克，豌豆仁20克，
乾香菇3朵

■ **調味料**
鹽1/2小匙

為什麼能排毒？
薏仁具有利尿消腫、護膚美容、
調節血糖、降低血脂、健胃等多
重功效。

■ **作法**
① 材料洗淨；紅蘿蔔切小塊；乾香菇浸泡於
水中至軟，瀝乾切片。
② 將所有材料、水和鹽放入電鍋中煮熟。
③ 取出作法2後稍微攪拌，即可食用。

黃豆

強化免疫＋提振精神

別　　名：大豆、青豆、黑豆
食療功效：幫助消化、預防骨質疏鬆
◯ 適用者：兒童、更年期婦女、便祕患者、
　　　　　　心血管疾病患者
✗ 不適用者：孕婦、哺乳婦女

黃豆食療效果

Q1 為什麼吃黃豆可提高人體免疫力？

黃豆含有豐富的植物性蛋白質，營養價值可媲美肉類，因此又有「植物肉」之稱，每天適量吃些黃豆，可有效提高免疫力，並能消除疲勞、提振精神。
黃豆的熱量低，且幾乎不含脂肪和膽固醇，藉由吃黃豆來補充蛋白質，除了可提高免疫力外，相較於以吃肉來補充蛋白質，還能避免攝取過多的脂肪和膽固醇，有益人體健康。

Q2 吃黃豆為什麼有美白護膚的功效？

黃豆富含大豆異黃酮，是一種植物雌激素，可改善血液循環，使皮膚更加滋潤、細嫩，不但能有效發揮延緩衰老的作用，還能緩解更年期的症狀，適合更年期婦女經常食用。
根據研究指出，黃豆中的亞麻油酸成分，可有效抑制皮膚細胞中黑色素的沉澱，並能促進新陳代謝，對美白、抗皺有不錯的功效。

Q3 為什麼吃黃豆可預防癌症？

黃豆含有多種抗癌成分，包括：異黃酮、皂苷等，有抑制腫瘤細胞生長的作用，並能提高人體免疫力，有很好的防癌、抗癌功效。
現代醫學研究證實，每天適量食用黃豆，血液中抗癌的有效濃度，可抑制乳癌、卵巢癌、攝護腺癌等多種癌症的生長。

營養師的保健課

Q1 黃豆營養豐富可多吃？

✕錯

❶ 黃豆含有抑制蛋白質消化的成分，如果過量食用未完全煮熟的黃豆，不但黃豆本身的蛋白質難以消化，也會影響體內的食物不易消化。此外，過量食用黃豆，還會產生大量氣體，導致脹氣。

❷ 黃豆當中的蛋白質屬於非完全蛋白質，缺乏某些必需胺基酸，如果只以吃黃豆來補充胺基酸，容易導致體內蛋白質合成不佳，不足以滿足人體所需的營養。

Q2 兒童吃黃豆可促進神經系統發育？

◯對

❶ 黃豆富含亞麻油酸成分，有利於促進兒童神經系統發育；因此，兒童常吃黃豆製品，對其骨骼正常生長及促進神經系統發育大有助益。

❷ 黃豆中的亞麻油酸是一種必需脂肪酸，兒童經常食用，利於其對鈣、磷、鋅等礦物質的吸收，並能有效刺激骨骼生長，同時幫助神經系統的發育。

❸ 研究證實，缺乏亞麻油酸，會導致兒童大腦和神經系統發育遲緩，兒童在成長發育階段，應足量攝取。

營養師小叮嚀　常吃黃豆能提振精神、紓解憂鬱？

❶ 黃豆含有豐富的蛋白質，可增強人體抵抗力，並能提振精神，有效改善疲累、乏力的症狀。

❷ 英國研究證實，是否容易有抑鬱情緒，與平時攝取葉酸多寡有密切關係；經常食用黃豆等富含葉酸的食物，可幫助抵抗憂鬱情緒，有利於減輕憂鬱症病情。

❸ 黃豆富含蛋白質，可強化大腦皮層的功能，提高工作效率。

黃豆的飲食宜忌Yes or No

Yes	◯ 黃豆含有豐富的大豆卵磷脂，可增加神經系統活力，並減緩記憶力衰退，同時有效預防老年痴呆症的發生。 ◯ 黃豆中的大豆卵磷脂，能去除血管壁上的膽固醇，防止血管硬化和脂肪肝。
No	✕ 吃黃豆時，需注意是否煮熟，未煮熟的黃豆或其製品含有毒素，可能會出現頭痛、噁心、嘔吐、腹痛、腹瀉等症狀。 ✕ 腸胃功能不佳者，不宜過量食用，以免造成腹部脹痛。

醋漬黃豆

排毒清腸＋幫助消化

■ 材料
黃豆100克，糙米醋550c.c.

■ 作法
1. 黃豆清洗後晾乾。
2. 找一乾淨、乾燥的玻璃容器，將糙米醋和黃豆倒入約8分滿，每隔一段時間，輕輕搖晃容器。
3. 浸泡45天即可食用。

為什麼能排毒？

黃豆中的膳食纖維、礦物質，能促進腸道消化；大豆蛋白、大豆異黃酮等營養素，具有保護心臟血管的功效。

黃豆涼拌海帶

清熱利便＋降低血壓

■ 材料
黃豆250克，煮熟海帶80克

■ 調味料
鹽1小匙

■ 作法
1. 黃豆洗淨，放入滾水中煮熟，瀝乾備用。
2. 海帶切成小塊備用。
3. 將作法1、2與鹽充分拌勻，即可食用。

為什麼能排毒？

黃豆中豐富的維生素E，能改善內分泌失調，還有加強體內脂肪代謝的功效，適合便祕與肥胖者食用。

黃豆燉牛肉

改善更年期不適＋延緩老化

■ **材料**

黃豆30克，番茄、薑片各50克，
牛肉塊150克

■ **調味料**

鹽、胡椒粉各1/4小匙，
橄欖油1/2小匙

為什麼能排毒？

黃豆中的異黃酮素（植物性雌激素）和皂苷成分，可防癌抗老，改善更年期不適的症狀。

■ **作法**

❶ 熱油鍋，爆香薑片。

❷ 將其餘材料加入作法1中翻炒。

❸ 最後將所有調味料加入作法2中，加水燉煮至材料軟爛即可。

燕麥

潤滑腸道＋美膚養顏

別　　名：香麥、烏麥
食療功效：美白抗皺、預防貧血、
　　　　　改善血液循環
○ 適用者：脂肪肝患者、動脈硬化患者
✗ 不適用者：腸道敏感者、皮膚過敏者

燕麥食療效果

Q1 為什麼常吃燕麥能促進腸道健康？

燕麥中所含的 β-葡聚醣，是一種水溶性膳食纖維，可促進膽固醇代謝、降低膽固醇含量，同時還能幫助多餘脂肪排出體外，有益於腸道健康。

燕麥富含膳食纖維，能吸收腸道內的水分，使糞便的體積和重量增加，除了可促進腸道蠕動、幫助排便外，還能避免腸道吸收多餘的毒素，降低毒素對人體的傷害。

Q2 常吃燕麥為什麼有助抗癌？

美國研究發現，燕麥含有大量的膳食纖維，可防止荷爾蒙失衡，減少罹患乳癌的風險，尤其是停經前的婦女更應提早預防。

燕麥所含的阿魏酸，是一種抗癌成分，有很強的抗氧化作用，可增強腸胃道黏膜的抵抗力，對預防大腸癌、直腸癌有一定的效果。

Q3 常吃燕麥能抗衰老，有美膚養顏的功效？

燕麥含有豐富的維生素E，是一種強力的抗氧化劑，能清除對人體有害的自由基，除了可防止皮膚衰老外，也能達到美膚養顏的目的。

常吃燕麥，對皮膚有很好的潤澤作用，因為燕麥可促進新陳代謝、降低黑色素沉澱；燕麥與松子、核桃、薏仁一起熬煮成粥，有益於美容養顏，發揮美白、除皺、淡斑的作用。

營養師的保健課

Q1 燕麥有利於減肥，肥胖者可多吃？

○ 對

❶ 燕麥的熱量相對較低於白米，因此，以燕麥片為主食，的確有助於減重，但還是需要控制攝取量。

❷ 由於燕麥所含的纖維質很高，食用時如果沒有補充適量的水分，很容易因為腸道阻塞而導致腹脹、便祕的情形，反而會引起腸胃不適等症狀，同時也不利於減肥。

❸ 燕麥的纖維質含量很高，食用時宜搭配適量水分，以免因腸道阻塞造成腹脹、便祕。

Q2 燕麥有利於胎兒及兒童生長發育？

○ 對

❶ 孕婦如果缺少葉酸，可能會出現貧血、暈眩、倦怠等症狀，嚴重者甚至會導致流產、胎兒神經管缺陷等問題；孕婦多吃富含葉酸的燕麥，有利於胎兒的生長發育。

❷ 燕麥含有豐富的水溶性纖維和非水溶性纖維，兒童多吃燕麥，可幫助消化、防止便祕，還能避免肥胖。

❸ 燕麥中的蛋白質、脂肪及鐵、鋅等微量元素，對兒童生長發育很有幫助，兒童常吃，可促進身體和智力健康發展。

營養師小叮嚀 生燕麥不能煮太久，以免養分流失？

❶ 生燕麥切忌煮得太熟，因為燕麥中最主要的營養素—水溶性纖維，在經過高溫加熱後容易流失，使其營養價值大打折扣。

❷ 煮生燕麥時，最好是等水煮滾後，再續煮約10～20分鐘，以避免長時間高溫滾煮；燕麥煮的時間越長，養分流失得越多。

❸ 為了縮短煮生燕麥的時間，也能將生燕麥磨成粉後再煮，這樣不但比較快熟，同時還能保留燕麥較完整的營養素。

燕麥的飲食宜忌Yes or No

Yes	○ 燕麥所含的鉀，可幫助排出體內多餘的鹽分，維持體內的鉀鈉平衡，有助於預防高血壓，並降低罹患心血管疾病的風險。 ○ 燕麥最好煮粥食用，尤其適合兒童、婦女、脂肪肝患者、動脈硬化患者。
No	✕ 食用燕麥切勿過量，因為燕麥中的植酸含量高，可能會阻礙人體對鈣和鐵等礦物質的吸收。 ✕ 燕麥所含的粗纖維較多，不好消化也容易有過敏反應，嬰兒或體質過敏者食用燕麥時，最好先從少量開始再慢慢添加，同時注意有無過敏反應。

燕麥奶茶

潤腸通便＋防治心血管病

■ 材料
燕麥片20克，奶精2球，綠茶包2個

■ 調味料
冰糖少許

■ 作法
① 以熱水（至少攝氏80度）沖泡綠茶包，泡出茶湯備用。
② 加入奶精、燕麥片及冰糖調勻即可。

為什麼能排毒？

燕麥中的非水溶性纖維質、植物固醇，可促進腸道蠕動、幫助排除腸道積食，還能預防心血管疾病。

紅豆燕麥粥

保護腸道＋預防便祕

■ 材料
紅豆50克，燕麥100克，水1500c.c.

■ 調味料
細砂糖60克

■ 作法
① 材料分別洗淨；紅豆泡水約6小時；燕麥瀝乾。
② 鍋中倒水，放入紅豆、燕麥煮至水滾，改小火續煮1～2小時，待材料熟爛，加入糖拌勻，再略煮5分鐘即可。

為什麼能排毒？

燕麥中豐富的膳食纖維與維生素，能刺激腸道蠕動；這道粥品可有效增強腸道免疫力，預防腸道病變。

茭白筍燕麥粥

預防老年痴呆＋強身健體

■ **材料**

茭白筍塊100克，紅蘿蔔塊50克，
軟絲（中卷）切花片80克，
發芽米30克，燕麥20克，水適量

■ **調味料**

鹽1/2小匙

為什麼能排毒？

燕麥中的鉀，可調節身體血鈉
質，預防高血壓，並具有美膚、
降低膽固醇的功效。

■ **作法**

❶ 鍋中倒水煮滾，加發芽米和燕麥煮滾後轉
小火，續煮約15分鐘。

❷ 加入紅蘿蔔塊和茭白筍塊，一起熬煮。

❸ 最後將軟絲切花片和鹽加入作法2中，熬
煮至熟即可。

紫菜

幫助代謝＋高纖低卡

別　　名：甘紫菜、海苔
食療功效：改善貧血、提高免疫力、
　　　　　促進骨骼生長發育
◯ **適用者**：甲狀腺腫大者、慢性支氣管炎患者
✗ **不適用者**：甲狀腺機能亢進患者

紫菜食療效果

Q1 ### 為什麼吃紫菜可幫助抗癌、提高人體免疫力？

英國研究發現，紫菜所含的藻膽蛋白和多醣，有降低血脂、血糖的作用，同時有極佳的抗衰老、抗腫瘤效果；常吃紫菜可殺死癌細胞，並有益於提高人體免疫力。

紫菜含豐富的膳食纖維、維生素A、B群及鈣、鐵、鉀、磷、硒等礦物質，有抗氧化、抗輻射的作用，除了可強化免疫力、抗病毒外，還有助於清除體內鰓、鎘等含有毒性的金屬物質。

Q2 ### 吃紫菜為什麼能幫助排便、促進新陳代謝？

碘是促進人體新陳代謝不可或缺的礦物質。紫菜含有豐富的碘，可刺激甲狀腺素分泌，有助於調節新陳代謝、促進血液循環。

紫菜富含水溶性纖維，可幫助清除體內毒素、排除宿便，能有效加速腸道蠕動，並能預防便祕，有助於腸道健康。

Q3 ### 為什麼吃紫菜有利減肥？

紫菜的熱量低，又含有豐富的碘，碘是維持人體甲狀腺正常運作不可能缺的元素，除了能維持代謝功能正常運作，也是控制體重的好食材。

紫菜的脂肪含量很低，加上含有豐富的膳食纖維，可幫助腸道清除有毒物質，是一種很好的減肥食材，吃了不容易發胖。

營養師的保健課

Q1 紫菜含有普林，痛風患者嚴禁食用？

✕ 錯

① 雖然普林不利於痛風患者，但是並非所有含有普林的食物，痛風患者都不能吃；像是紫菜中的普林含量不算高，痛風患者在症狀緩解期可適量食用，對健康是有好處的。

② 痛風患者在症狀緩解期適量吃些紫菜，除了有降低血壓、膽固醇的作用，還能預防貧血及老化，對於胃潰瘍也有不錯療效。不過，痛風患者在發作期應盡量少吃，以免加重病情。

Q2 吃紫菜有助於改善骨質疏鬆？

○ 對

① 中醫認為，造成骨質疏鬆首要的原因就是骨髓退化。骨髓是人體的造血器官，而紫菜富含鐵和維生素B_{12}，是人體造血必需的營養素，對改善骨質疏鬆有一定的效果。

② 當人體缺乏碘時，可能會罹患甲狀腺機能低下，而影響骨頭對鈣的吸收與代謝，使得體內的鈣吸收與代謝率降低。

③ 紫菜含有豐富的鈣，可促進骨骼和牙齒的生長發育，有助於預防骨質疏鬆，尤其適合兒童、孕婦及老年人食用。

營養師小叮嚀 吃紫菜要小心避免過量？

① 食用紫菜不宜過於頻繁，以免碘過量對人體造成危害。紫菜含有大量的碘，當人體攝取過量時，會大大增加罹患甲狀腺炎、甲狀腺癌、甲狀腺機能不足或亢進等甲狀腺相關疾病的風險。

② 紫菜屬於高纖維食物，不易消化，應避免過量食用，以免造成腸胃不適，而影響腸胃消化能力，尤其是腸胃不佳的兒童、老年人，更需要特別注意，吃太多紫菜可能會造成腸阻塞。

紫菜的飲食宜忌Yes or No

Yes	○ 紫菜含有豐富的維生素B_{12}，能有效刺激腦神經細胞生長，同時有助於減緩記憶力退化，並能有效改善憂鬱症狀。 ○ 紫菜富含蛋白質、維生素、礦物質等營養成分，容易被人體消化、吸收，適合消化功能退化的老年人食用。
No	✕ 中醫認為，紫菜味甘鹹、性寒，並非人人都適合食用，尤其是脾胃虛寒、容易腹脹的人不能多吃，否則可能會消化不良。 ✕ 紫菜容易變質，不能放置在高溫潮濕處，以免影響味道和養分，有害健康。

紫菜皮蛋豆腐

排毒清血＋強筋健骨

■ **材料**

皮蛋1顆，豆腐1盒，乾紫菜5克

■ **調味料**

醬油膏適量

■ **作法**

1. 皮蛋洗淨，剝殼對切。
2. 紫菜剪成小塊，放入乾鍋當中烘炒至酥脆備用。
3. 豆腐和皮蛋盛盤，淋上醬油膏，再撒上紫菜即可。

為什麼能排毒？

紫菜能減少身體對膽固醇和脂肪的吸收，促進腸道蠕動，排便順暢，幫助體內排出有害物質，保護腸道健康。

紫菜芝麻飯

清除廢物＋改善便祕

■ **材料**

乾紫菜90克，黑芝麻80克

■ **作法**

1. 乾紫菜剪成細絲；黑芝麻研磨成粉末。
2. 紫菜絲與黑芝麻粉混合，貯存在瓶中，每餐取2匙與米飯拌勻食用。

為什麼能排毒？

紫菜富含胡蘿蔔素、鈣、鉀、鐵，能代謝腸道廢物；芝麻中的膳食纖維，能促進腸胃運動，有助於改善便祕。

紫菜豆腐湯 ②人份

活絡腸道＋促進代謝

■ 材料
紫菜1大片，豆腐1塊，芹菜2株，
紅蘿蔔1/3根

■ 調味料
醋1大匙，鹽1小匙

為什麼能排毒？

豆腐中的鈣和紫菜中的礦物質，
可保持腸道酸鹼平衡，利於代謝
消化。

■ 作法
1. 材料洗淨；豆腐切小塊；紅蘿蔔切丁；芹菜洗淨切段；紫菜撕小片。
2. 將水煮滾，放入豆腐塊、紅蘿蔔丁略煮，再加紫菜片、芹菜段略煮，即可熄火。
3. 最後加鹽和醋調味即可。

海帶

排毒抗老＋利尿消腫

別　　名：昆布、綸布
食療功效：潤腸通便、降低膽固醇、
　　　　　　防止動脈硬化
〇 適用者：糖尿病患者、甲狀腺腫大者、
　　　　　　骨質疏鬆患者
✗ 不適用者：孕婦、脾胃虛寒者

海帶食療效果

Q1 吃海帶可抗老化，有很好的排毒效果？

海帶所含的岩藻多醣，是一種水溶性物質，進入人體後，會形成具保護作用的凝膠狀物質，可幫助清除體內的氡、鐳、鈦等有害的放射性元素。
海帶含有一種名為「硫酸多醣」的物質，能有效降低膽固醇、預防動脈硬化，同時有利於防止便祕，並減少罹患大腸癌的風險；常吃海帶可防老抗衰，也有很好的排毒作用。

Q2 為什麼吃海帶有利尿、消腫的作用？

海帶的熱量很低，加上含有豐富的膳食纖維，除了可幫助腸道運作、促進排便順暢外，還有很好的利尿、消腫作用。
存在於海帶表面一層的甘露醇，除了有利尿、消腫的作用之外，還能有效降低血壓和膽固醇，尤其是對防治老年性水腫、腎功能衰竭等疾病，都有不錯的食療效果。

Q3 海帶有降血糖的作用，糖尿病患者應多吃？

海帶所含的岩藻多醣，是一種優質的膳食纖維，在進入人體後，可延緩腸胃排空及食物通過小腸的時間，有明顯的降血糖作用，常吃海帶對糖尿病患者大有益處。
糖尿病患者常見併發骨質疏鬆症，而海帶中含有豐富的鈣，可防止糖尿病患者缺鈣的問題，糖尿病患者常吃海帶，有利於改善骨質疏鬆。

營養師的保健課

Q1 多吃海帶可抗輻射？

✗ 錯

❶ 雖然海帶含有豐富的碘，可防止放射性碘進入甲狀腺損傷人體，但是無法避免其他輻射物質的傷害，也無法幫助人體排出輻射物質。

❷ 天然海帶的鈉含量本來就不低，如果是海帶加工製品，鈉含量更是驚人，一般人攝取過量的鈉，可能會引發高血壓、動脈硬化、冠狀動脈心臟病等疾病，高血壓、心臟衰竭或腎臟病患者應避免食用。

Q2 孕婦吃海帶要注意不能過量？

○ 對

❶ 海帶中的含碘量非常高，孕婦如果食用過量，海帶中的碘會隨著母體血液循環，從胎盤或乳汁中進入胎兒體內，進而影響胎兒的甲狀腺發育，甚至引起甲狀腺功能障礙，胎兒出生後，可能會出現甲狀腺機能的問題。

❷ 中醫認為，海帶有催生的作用，孕婦在懷孕期間可適量食用海帶，切勿過量食用，以免造成子宮快速收縮，增加發生流產、早產及死胎的風險。

營養師小叮嚀 **怕冷、體質虛寒的人可常吃海帶？**

❶ 海帶生長於深海，本身就有很強的抗寒能力，加上含有豐富的鈣和鐵，經常食用可加速新陳代謝、促進血液循環，並提高人體的禦寒能力，尤其適合體質虛寒的女性和老年人食用。

❷ 海帶富含碘，可促進人體甲狀腺素分泌，而甲狀腺素有益於提高人體基礎代謝率，並能增強人體禦冷抗寒的能力。因此，怕冷或是體質虛寒的人常吃，可促進皮膚血液循環也增加體熱。

海帶的飲食宜忌Yes or No

Yes	○ 海帶含有大量的不飽和脂肪酸，可降低血液黏稠度，並減少血栓的形成，對預防動脈硬化和心血管疾病有很好的效果。 ○ 海帶中富含硒，有很強的抗癌作用，中醫常用以輔助治療乳癌、肺癌、淋巴癌、甲狀腺癌等癌症，有不錯的療效。
No	✗ 海帶含有豐富的碘，甲狀腺腫大或甲狀腺機能亢進患者不能吃海帶，否則會加重病情。 ✗ 吃完海帶後，不要立刻喝茶或吃酸澀的水果，以免影響人體對鐵的吸收。

涼拌海帶絲

護膚排毒＋增強抵抗力

■ **材料**

牛蒡、海帶各30克，白芝麻3克，
辣椒絲、蔥花各5克

■ **調味料**

醬油膏2小匙，麻油1小匙，胡椒粉3克

■ **作法**

❶ 牛蒡洗淨去皮，和海帶均切絲。

❷ 將作法1分別汆燙，放入碗中，加辣椒
絲、蔥花和調味料拌勻，最後撒上白芝麻
即可。

 為什麼能排毒？

這道料理可健胃整腸，改善便祕，並
避免宿便囤積體內，讓人有好氣色。

紅蘿蔔海帶湯

對抗老化＋利尿通便

■ **材料**

海帶結100克，紅蘿蔔50克

■ **調味料**

鹽、糖、醬油各1/2小匙

■ **作法**

❶ 海帶泡水2小時，再以清水沖洗乾淨。

❷ 紅蘿蔔洗淨切塊。

❸ 3杯水倒入鍋中燒滾，放入紅蘿蔔塊、海
帶，加入調味料，燉煮約10分鐘，將海
帶煮軟即可。

為什麼能排毒？

海帶可幫助體內排除廢物，多吃能預
防血壓上升，具有保護心血管之效。

海帶燒肉

消食化積＋強健腸胃

■ 材料
海帶結、小紅蘿蔔各100克，
豬肉300克，水適量

■ 調味料
醬油2大匙，橄欖油1大匙，
八角5克，糖適量

■ 作法
1. 材料洗淨；豬肉汆燙後切塊。
2. 熱油鍋，放入豬肉塊，用小火煎至雙面赤黃，加海帶結和小紅蘿蔔略炒。
3. 倒入醬油和水，蓋過食材，再加八角同煮，煮至食材軟爛，加糖調味即可。

為什麼能排毒？

海帶中的膠質，可協助排出體內的放射線物質，避免細胞受到損傷或發生癌變。

裙帶菜

降壓抗老＋消脂減肥

別　　　名：海芥菜、海帶芽
食療功效：降低血壓、強化血管、
　　　　　防止動脈硬化
◯ 適用者：青少年、肥胖、甲狀腺腫大患者
✗ 不適用者：腹瀉者、脾胃虛寒者

裙帶菜食療效果

Q1 常吃裙帶菜有助清理腸胃，達到減肥目的？

經美國和日本科學家研究發現，裙帶菜含有一種名為「岩藻多醣」的物質，可激發人體用於促進脂肪分解，加上裙帶菜的熱量也低，對減肥大有幫助。
裙帶菜含有大量的膳食纖維，熱量也低，另含有可促進脂肪分解的岩藻多醣，可幫助緩解便祕症狀，尤其對於防止過度肥胖，有很好的食療功效。
裙帶菜富含不飽和脂肪酸、海藻膠、藻聚醣等成分，能有效清除體內膽固醇、緩解便祕，同時有助於降低血脂、促進體內脂肪分解，有利於減肥。

Q2 為什麼吃裙帶菜能幫助血液排毒？

裙帶菜所含的岩藻多醣，對肝功能相當有益，還能提高免疫力，可使血液保持清澈，並維持良好的代謝狀態。
除了岩藻多醣外，裙帶菜也含有一種海藻黏液，最大的作用，在於將血液中附著的鈉排出體外，能有效幫助血液排毒。

Q3 為什麼吃裙帶菜有助於調節免疫力？

裙帶菜含有多種維生素，尤其是維生素A，有增強人體免疫力、抑制癌症的作用。如果人體缺乏維生素A，將會使免疫功能下降、抗病能力變弱。
含有多種礦物質的裙帶菜，屬於鹼性食物，與其他同類食物相較，裙帶菜的鹼度要高出許多，經常食用可幫助人體血液保持鹼性，提高免疫力，遠離疾病。

營養師的保健課

Q1 裙帶菜有很多黏液,要清洗乾淨?

✕ 錯

❶ 裙帶菜表面的黏液含有褐藻酸和岩藻固醇,對人體有很多的好處,如降低高血壓、平衡膽固醇、防止動脈硬化等,清洗裙帶菜時需特別注意,不要洗太久,也不要將表面的黏液全部洗掉,以免營養成分流失。

❷ 裙帶菜表面黏液所含的營養成分,具有溶於水的特質,如果是濕的裙帶菜,只需輕輕洗掉表面的鹽分或雜質即可,切勿用力刷洗;至於乾的裙帶菜,則最好連浸泡的水也一起使用,才不會使營養流失。

Q2 兒童可常吃裙帶菜,有利於骨骼和智力發育?

○ 對

❶ 裙帶菜又有「聰明菜」之稱,含有豐富的蛋白質、胺基酸、鋅、鐵、碘,以及維生素A、B群、C等營養物質,兒童可常吃,有利於骨骼和智力發育。

❷ 研究發現,當人體缺鈣時,會嚴重影響兒童的智力發育;裙帶菜含有大量的鈣,正值生長發育階段的兒童應該常吃,可幫助鬆弛神經,有很好的健腦功效。

營養師小叮嚀 裙帶菜為何有「長壽菜」之稱?

❶ 日本是全世界平均壽命最長的國家之一,主要原因之一,就是經常食用裙帶菜,甚至成為學生營養午餐固定的菜色。

❷ 經日本科學家研究發現,裙帶菜含有昆布胺酸、褐藻酸、藻聚醣等物質,不但有降低血壓和防止動脈硬化的作用,還能預防腦血栓發生,並強化血管,減少罹患心血管疾病的風險。

❸ 裙帶菜具有高營養、低熱量的特點,經常食用,可達到減肥、美膚、抗老的功效。

裙帶菜的飲食宜忌Yes or No

Yes	○ 裙帶菜含有豐富多醣類,可增加自體免疫力,也能提升對抗癌細胞的能力。 ○ 裙帶菜中的碘、鈣、鐵含量豐富,對預防甲狀腺腫大、骨質疏鬆或缺鐵性貧血,都有不錯的食療效果。
No	✕ 烹煮裙帶菜時,需特別注意時間不能過久,否則除了會使裙帶菜變軟爛、口感變差外,養分也容易流失。 ✕ 孕婦可吃裙帶菜,但是不能吃太多,以免增加胎動不安或流產的風險。

海菜炒什錦

利脾潤腸＋明目健身

■ **材料**

裙帶菜100克，紅蘿蔔絲60克，蔥1支，
金針菇段50克

■ **調味料**

米酒2小匙，醬油、糖、鹽、橄欖油各1小匙

■ **作法**

① 材料洗淨；裙帶菜切條；蔥切段。

② 熱油鍋，放入紅蘿蔔絲、蔥段、米酒和醬
　油拌炒。

③ 將紅蘿蔔絲炒軟，加裙帶菜、金針菇拌
　炒，最後加糖與鹽調味即可。

> 裙帶菜中的膠質能清除腸道垃圾；紅
> 蘿蔔、金針菇可代謝腸道的重金屬。

蛤蜊裙帶菜湯

健腸蠕動＋強壯體力

■ **材料**

裙帶菜50克，蛤蜊250克，薑絲5克，
水適量

■ **調味料**

鹽、麻油各1小匙

■ **作法**

① 裙帶菜置於冷水中略漂洗後撈起。

② 取鍋，放入蓋過食材的水煮滾，將吐沙後
　的蛤蜊和裙帶菜入鍋，待水煮滾後熄火。

③ 加鹽調味，撒上薑絲、淋上麻油即可。

為什麼能排毒？

> 裙帶菜中的多醣膠質成分，可吸附腸
> 道中的廢物與其他有毒物質，幫助排
> 出體外。

海菜蒸蛋

清熱整腸＋增加抵抗力

■ 材料
裙帶菜5克，雞蛋2顆，水200c.c.，
蔥絲少許

■ 調味料
鹽、白胡椒粉各1小匙

為什麼能排毒？

裙帶菜富含膠質，可增進腸胃蠕
動，和雞蛋同煮，可攝取完整蛋
白質，增加抵抗力，幫助排毒。

■ 作法
1. 裙帶菜洗淨，切小段；雞蛋、水及調味料
   拌勻，以細濾網濾掉泡沫。
2. 將蛋液裝入碗中，用保鮮膜封好，放入蒸
   籠，以小火蒸約7分鐘後取出，撒上裙帶
   菜段。
3. 將作法2再放回蒸籠，繼續以小火蒸約3分
   鐘至蛋熟，取出掀開保鮮膜，再撒上蔥絲
   即可。

牛奶

潤腸通便＋提高精力

別　　名：牛乳
食療功效：幫助睡眠、強化視力、促進消化
○ 適用者： 兒童、老年人、缺乏鈣質者、
　　　　　失眠患者
✗ 不適用者： 體質過敏者、腎臟病患者

牛奶食療效果

Q1 喝牛奶為什麼可幫助排便？

中醫認為，牛奶有生津潤腸的作用，適合口乾舌燥、大便乾燥的人飲用，有習慣性便祕的人可常喝牛奶，對潤腸通便有很好的效果。

利用喝牛奶時出現的「乳糖不耐症」，也可幫助排便。所謂「乳糖不耐症」是指喝了牛奶後，其中無法被消化吸收的乳糖，會被大腸中的細菌分解利用，產生氣體，及使大腸內容物形成高滲壓，造成腹脹、腹瀉等症狀。

Q2 喝牛奶可預防阿茲海默症？

根據醫學研究指出，同半胱胺酸值和阿茲海默症、記憶喪失及中風的風險增加有關，而牛奶含有豐富的維生素B_{12}，有助降低此種胺基酸，經常適量飲用，確實有保護腦部對抗阿茲海默症的功效。

牛奶含有豐富的鈣，可影響神經傳導，緩和神經緊張或興奮。此外，鈣也會影響肌肉的狀態和血液循環，若缺乏鈣，可能會導致高血壓或動脈硬化。

Q3 為什麼喝牛奶能幫助傷口癒合？

牛奶含有豐富的蛋白質和維生素E，具有幫助傷口癒合的作用，喝牛奶除了能促進傷口癒合，還能減少感染的機率。

牛奶也含有大量的鋅，與維生素C產生協同作用，能幫助體內膠原蛋白合成，除了有利於增強抵抗力，也能促進皮膚修復和傷口癒合。

營養師的保健課

Q1 常喝牛奶可有效預防骨質疏鬆？

○ 對

❶ 每日適量攝取牛奶，對骨質疏鬆的預防有益，牛奶含有豐富的鈣質，能幫助身體儲存足夠的骨本。由於鈣的吸收率會隨年齡的增加而降低，建議從年輕時就養成每天喝牛奶的習慣。

❷ 牛奶含有完全蛋白質，適量飲用不但能預防骨質疏鬆，還能幫助傷口癒合，增進身體器官功能的完整性，維持良好的健康狀況。

Q2 喝牛奶有助於促進幼兒大腦發育？

○ 對

❶ 牛奶中的酪蛋白含有10％的磷，可為大腦提供所需的各種胺基酸，對促進幼兒的大腦生長和發育有很好的幫助。

❷ 牛奶富含鈣，有調節神經和肌肉的作用，除了有助於強化骨骼發育和保護牙齒健康，也有利於改善個人認知能力，提高幼兒智力發展。

❸ 牛奶所含的磷脂類成分，可增強大腦的活力，使人變得聰明，注意力也能更加集中，對正處於生長發育期的幼兒，是不可或缺的營養素。

營養師小叮嚀 老年人不宜飲用牛奶過量？

❶ 雖然喝牛奶對於骨質退化的老年人大有幫助，有利於預防骨質疏鬆，但是不能過量，否則，可能導致老年性白內障的發生。

❷ 老年人喝牛奶，常見有腹脹、腹瀉的症狀，這是因為牛奶中的乳糖成分，無法完全被消化；老年人少量飲用，可防止身體出現不適症狀。

❸ 牛奶喝太多，可能會增加男性罹患攝護腺癌的風險。攝護腺癌好發於老年人，因此，老年人喝牛奶也不要過量。

牛奶的飲食宜忌Yes or No

Yes	○ 喝牛奶前，先吃一些餅乾或麵包，可延緩牛奶在腸胃停留的時間，使牛奶與胃液充分發生酶解作用，有利於腸道的吸收及利用。 ○ 牛奶含有豐富的鈣，能幫助神經正常傳導，對穩定情緒有很好的功效。
No	✕ 吃藥前、後大約1小時內，最好不要喝牛奶，因為牛奶中的鈣、鎂等礦物質，會與藥物形成化學反應而影響藥效。 ✕ 平時喝牛奶後有腹脹、腹瀉問題的人，應避免空腹喝牛奶，以免加重症狀。

番薯牛奶

排毒防病＋促進循環

■ **材料**
番薯100克，脫脂牛奶1杯

■ **調味料**
蜂蜜1/2小匙

■ **作法**
❶ 番薯洗淨去皮切塊，放入電鍋蒸熟。
❷ 將作法1和牛奶放入果汁機中打勻。
❸ 倒入杯中，加入蜂蜜調味即可。

為什麼能排毒？

番薯是理想的排毒食材；這道飲品能
幫助身體清除有害物質，避免循環變
差而引發各種疾病。

鮮奶燉銀耳花生

退火補氣＋預防骨鬆

■ **材料**
花生仁30克，牛奶1杯，新鮮白木耳60克，
水2杯，枸杞10克

■ **調味料**
冰糖1/2大匙

■ **作法**
❶ 材料洗淨；白木耳切片。
❷ 鍋中倒入水，加花生仁、白木耳和枸杞，
煮滾後轉小火，續煮至花生熟軟。
❸ 加冰糖調味，再加牛奶調勻即可。

為什麼能排毒？

牛奶富含蛋白質和鈣質，能提供能
量、維護骨骼強健發展、穩定情緒；
這道甜點有退火、潤燥、補氣之效。

奶香草菇燉花菜 ②人份

美白緊膚＋預防中風

■ 材料
草菇100克，番茄1顆，
綠花椰菜300克，牛奶200c.c.

■ 調味料
奶油1小匙，鹽1/2小匙，
糖1/4小匙，橄欖油2小匙

■ 作法
1. 材料洗淨；番茄切塊；花椰菜切小朵。
2. 熱油鍋後，倒入奶油，放入草菇、番茄、花椰菜炒勻，再加鮮奶攪拌。
3. 加糖、鹽調味，再翻炒2分鐘左右即可。

為什麼能排毒？

牛奶可提供肌膚製造膠原蛋白及彈性蛋白的營養成分；花椰菜可防止疾病感染，降低罹患心臟病與中風的風險。

優格

增加益菌＋抑制壞菌

別　　名：酸奶酪
食療功效：控制血壓、降膽固醇、改善便祕
◯ 適用者：高血壓患者、骨質疏鬆症患者、
　　　　　老年人
✗ 不適用者：消化功能不良者

優格食療效果

Q1 吃優格為什麼能減少體內毒素的形成？

優格含有豐富的益生菌，可促進腸胃蠕動、幫助消化，並能預防因為便祕而引起的皮膚黑斑，幫助人體由內而外地排除毒素。

常吃優格有很好的排毒作用，可改善便祕、調理腸胃，使得原本累積在腸道的毒素和廢物，因為益生菌的作用，變得容易排出。

Q2 吃優格為何可增強中老年人的免疫功能？

最新研究顯示，吃優格可強化人體抵抗病毒和癌細胞的免疫功能。這是因為吃優格可使腸道的益菌增多、壞菌減少，不但能有效增強免疫力，還能降低發炎感染及罹患癌症的機率。

喝牛奶容易腹瀉的中老年人，可改吃優格，除了比較不容易腹瀉外，也有利於提高免疫力，達到預防疾病的效果。

Q3 吃優格可幫助減肥？

一般市售的優格含糖量高，熱量也高，想要用優格減肥，就要吃不含糖分的優格，最好是使用脫脂鮮奶製成的優格，吃了容易有飽足感，能有效幫助減肥。

想要減肥的人可常吃優格，但是要選擇不含糖分的優格，其中所含的活性益生菌，可有效調節體內菌叢平衡，促進排便順暢，達到減肥的目的。

營養師的保健課

Q1 吃優格可使皮膚白皙，多吃無妨？

✕ 錯

❶ 雖然吃優格有抑制黑色素沉澱、美白肌膚的作用，但是肥胖女性不能過量食用，否則可能會影響生育。尤其是體質性寒的肥胖女性，最好不要多吃優格等偏濕的食物，以免影響生育。

❷ 中醫認為，痰濕型體質的人不能多吃優格，這類型的人多半體型肥胖、嗜睡、容易疲勞，如果吃太多優格，消化系統功能變差，水分容易滯留在體內，導致水腫型肥胖。

Q2 吃優格過量會消化不良？

○ 對

❶ 優格必須冷藏保存，食用時口感多為冰冷，如果吃太多優格，身體會變得寒冷，體內也會有較多的水分，容易出現消化不良或便祕的症狀。

❷ 優格如果無法完全被腸胃消化，會在體內形成毒素，大幅降低免疫功能，而導致關節不靈活，罹患關節炎等毛病。

❸ 優格雖然富含有利人體的益生菌，但如果過量食用，不但易導致消化不良，也會因攝取過多熱量而造成肥胖。

營養師小叮嚀 適量吃些優格，有助控制血壓？

❶ 美國一項研究發現，長期吃優格的人，較不易有血壓高的問題。該項研究也指出，在日常飲食中適量吃些優格，可幫助降低罹患高血壓的風險。

❷ 吃優格不但可健胃整腸，還能降低血清膽固醇，常吃優格的人也較不易罹患高血壓，大大降低罹患心臟病、中風的危險。

❸ 優格中的益生菌，對控制血壓有很好的作用，常吃優格不但可降低血壓，體內血清膽固醇的含量也較低。

優格的飲食宜忌Yes or No

Yes	○ 優格的主要原料是牛奶，含有豐富的鈣，經由益生菌的作用，轉化為乳酸鈣，容易被人體吸收，對預防骨質疏鬆有很好的功效。 ○ 早上吃優格是最好的時間，早餐前先吃優格，可刺激腸道蠕動，幫助排便。
No	✕ 痛風患者不能吃優格，因為所有的菌類都屬於高核酸食物，會在體內形成過多的普林，而痛風患者是禁吃高普林食物。 ✕ 孕婦吃太多優格，容易使胎兒有過敏體質，同時也會提高罹患氣喘的機率。

優格番茄汁

清腸纖體＋消除便祕

■ **材料**
番茄1顆，原味優格180c.c.

■ **調味料**
蜂蜜1小匙

■ **作法**
❶ 番茄去蒂，洗淨切塊，放入果汁機中攪打成汁。
❷ 在番茄汁中倒入優格，並加入蜂蜜拌勻即可飲用。

為什麼能排毒？

優格可促進腸道生態健康；番茄中的果膠能代謝腸道毒素，發揮清腸的效果；蜂蜜能使腸道的益菌增加。

草莓優格吐司

預防癌變＋調整腸道環境

■ **材料**
吐司2片，優格15克

■ **調味料**
草莓醬適量

■ **作法**
❶ 將吐司放入烤麵包機烤至開關跳起，對切備用。
❷ 依序塗上草莓醬和優格即可食用。

為什麼能排毒？

優格中的益生菌能調整腸道環境，增加腸道內益菌的數量；草莓中的果膠能加速腸胃蠕動，促進排便。

優格水果沙拉 ②人份

健胃整腸＋幫助消化

■ 材料
奇異果、蘋果、火龍果各1顆，
檸檬1/2顆

■ 調味料
優酪乳250c.c，楓糖1/2小匙

為什麼能排毒？

優酪乳中的益生菌，能減少腸道中有毒物質停留的時間，同時也有健胃整腸、助消化、改善便祕的作用。

■ 作法
1. 材料洗淨；奇異果、火龍果去皮切丁；蘋果去皮切丁，盛盤備用。
2. 檸檬榨汁，和優酪乳、楓糖拌勻備用。
3. 將作法2淋在作法1上即可食用。

排毒食材適用&食用方式速查表

類別	食物名	O 適用者 X 不適用者	食用方式／料理	本書頁數
新鮮水果類	木瓜	O 肥胖者 消化不良者 慢性胃炎患者 缺乳產婦 X 孕婦 過敏體質者	❶ 生木瓜或半生的木瓜，可和肉類一起燉煮，或用來煮湯，天冷時食用，能讓身體變得暖和，也有暖胃的功效 ❷ 飯後吃點木瓜，可幫助腸胃消化，並促進脂肪分解，除了有減肥的效果外，對身體健康也很有幫助	10
	蘋果	O 腸道不順者 孕婦 X 攝護腺肥大者 腎炎患者	蘋果泥或蘋果汁，可以當做腹瀉後的清淡飲食食用	14
	葡萄	O 貧血者 容易疲勞者 高血壓患者 X 肥胖者 糖尿病患者	葡萄建議連皮一起吃，可攝取較多的膳食纖維，也有助於營養素的吸收、利用	18
	香蕉	O 便祕者 肥胖者 胃潰瘍患者 老年人 X 高血壓患者 糖尿病患者	❶ 睡覺前吃根香蕉，能有效緩解習慣性便祕 ❷ 香蕉雖能促進腸道蠕動、幫助排便，但空腹吃太多香蕉，則易出現腸胃消化不良	22
	草莓	O 兒童 孕婦 胃口不佳者 X 容易腹瀉者 胃酸過多者	❶ 飯前吃些草莓，有利於開胃並能增進食慾；飯後吃草莓，可幫助消化、改善便祕 ❷ 孕婦適量吃草莓，可防止因缺少維生素C而出現的牙齦出血等症狀	26
	櫻桃	O 消化不良者 體質虛弱者 X 胃潰瘍患者 糖尿病患者 孕婦	❶ 老年人多吃櫻桃有助於補鐵和補血，可改善臉色發白、頭暈眼花等情形，並可幫助睡眠、緩解失眠症狀 ❷ 孕婦吃些櫻桃，有益於補血、幫助消化，對胎兒的生長發育也有幫助	30

類別	食物名	O 適用者 ✗ 不適用者	食用方式／料理	本書頁數
葉菜蔬菜類	番薯葉	O 便祕者 　缺乳產婦 　老年人 ✗ 孕婦 　腎臟病患者	番薯葉用油炒比水煮健康，倘若汆燙番薯葉，時間不宜太久，以免營養流失	34
	白菜	O 便祕者 　高血壓患者 　腎臟病患者 ✗ 慢性腸胃炎患者 　腹瀉者	❶ 白菜與豬骨或是豆腐一起烹煮，可幫助人體對蛋白質及維生素C、E的吸收和利用 ❷ 生吃小白菜、榨汁或是製成精力湯，能有效幫助鈣的吸收；大白菜，以熟食效果最好，有益於預防骨質疏鬆	38
	菠菜	O 貧血者 　糖尿病患者 　高血壓患者 ✗ 腎炎患者 　腎結石患者 　腹瀉者	❶ 菠菜和富含鐵質和葉酸的豬肝、枸杞一起烹調，可發揮相輔相成的作用，有效防治貧血 ❷ 烹調時，可先將菠菜汆燙後，再放入鍋中翻炒，能有效去除菠菜原有的澀味	42
	芹菜	O 高血壓患者 　貧血者 　經期婦女 ✗ 血壓偏低者	❶ 芹菜和豬肝一起入菜，結合豐富的鐵和葉酸，是一道很好的補血料理 ❷ 芹菜葉營養豐富，吃芹菜時不宜將嫩葉摘除	46
	韭菜	O 便祕者 　寒性體質者 　老年人 ✗ 孕婦 　容易上火者	❶ 韭菜這類抗菌蔬菜，生吃也有很好的食療效果 ❷ 韭菜最好以大火快炒的方式料理，或將韭菜當成配料，在起鍋前才放入，縮短烹調時間，更能發揮殺菌、抗菌作用	50
	高麗菜	O 肥胖者 　動脈硬化患者 　青少年 ✗ 腹脹者 　肝病患者	❶ 胃痛時可適量吃些汆燙過的高麗菜，或喝些現榨的高麗菜汁，即可明顯得到改善 ❷ 腸胃道功能較差者，不建議生吃高麗菜，尤其是紫色高麗菜的纖維較粗，更應避免	54

類別	食物名	○ 適用者 ✗ 不適用者	食用方式／料理	本書頁數
花果根莖類	番薯	○ 便祕者 　老年人 ✗ 胃潰瘍患者 　糖尿病患者 　胃酸過多者	❶ 番薯用電鍋慢蒸或烤箱慢烤，較能吃到番薯美味 ❷ 番薯皮富含營養，連皮一起吃，最能發揮排毒功效	58
	南瓜	○ 肥胖者 　便祕者 　老年人 ✗ 高血壓患者 　黃疸患者	❶ 感冒期間多吃南瓜，能減輕或舒緩感冒症狀 ❷ 南瓜適合當主食吃，可攝取到多種營養素，但糖尿病患者、腸胃功能不佳，或容易脹氣者不宜過量	62
	苦瓜	○ 痱子患者 　糖尿病患者 　癌症患者 ✗ 腸胃虛寒者	❶ 苦瓜適合榨汁，或製成沙拉食用，可避免維生素C流失 ❷ 吃苦瓜時，可將苦瓜子洗淨晒乾後，加以烹調食用，苦瓜子的藥用價值很高	66
	番茄	○ 近視者 　貧血者 　高血壓患者 ✗ 急性腸胃炎患者 　經痛婦女	❶ 未成熟的青色番茄有毒，不能用來入菜食用，直接生吃更會對人體造成傷害 ❷ 番茄可生吃，也能入菜熟食，但不宜空腹食用	70
	洋蔥	○ 高血壓患者 　高血脂症患者 　動脈硬化患者 ✗ 腸胃功能不佳者 　胃炎患者	❶ 每天生吃半顆洋蔥或喝等量的洋蔥汁，能降低膽固醇、預防動脈粥狀硬化 ❷ 洋蔥的烹調時間不宜過久，7、8分熟是最佳的烹調熟度	74
	花椰菜	○ 兒童 　小便不順者 　容易上火者 ✗ 泌尿道結石患者 　腎功能異常者	❶ 花椰菜建議以油脂炒熟後再食用，不僅較好咀嚼，養分也能充分被人體吸收 ❷ 花椰菜與牛肉搭配，其中的葉酸與牛肉中的維生素B_{12}有益於造血功能	78

類別	食物名	○ 適用者 ✗ 不適用者	食用方式／料理	本書頁數
花果根莖類	蘿蔔	○ 夜盲症患者 營養不良者 ✗ 慢性胃炎患者 胃潰瘍患者	❶ 白蘿蔔與紅蘿蔔同煮時，可加入油脂或搭配肉類一起吃，有利於提高人體對胡蘿蔔素的吸收和利用 ❷ 蘿蔔建議連皮一起吃，不但營養豐富，也有較高的食療價值	82
	蘆筍	○ 水腫者 高血脂症患者 心血管病患者 ✗ 痛風患者	❶ 蘆筍具有解酒、保肝作用，酒醉後食用，可降低發生宿醉的可能性 ❷ 蘆筍以炒食為佳，也可做成沙拉（宜先汆燙）	86
鮮美菇蕈類	香菇	○ 高血脂症患者 糖尿病患者 癌症患者 ✗ 痛風患者 高尿酸者	❶ 處理香菇時，不宜過度清洗或浸泡，以免破壞香菇的營養 ❷ 乾燥處理過的香菇蒂頭，能增加風味，也有益人體健康。但因普林含量頗高，痛風患者或尿酸過高的人應避免食用	90
	蘑菇	○ 高血壓患者 糖尿病患者 老年人 ✗ 腎衰竭患者	蘑菇的蛋白質含量相當高，可用來替代雞蛋或肉類的蛋白質，有利控制糖尿病病情	94
	木耳	○ 結石患者 心血管病患者 ✗ 腹瀉者 孕婦	❶ 黑木耳搭配豬肝、豬血、紅棗，能有效改善倦怠、臉色蒼白、精神不振等症狀 ❷ 白木耳的本色應為淡黃色，選購時忌選雪白、漂亮品；若細聞有刺鼻味，可能殘留二氧化硫，切勿購買	98
雜糧堅果類	芝麻	○ 便祕者 貧血者 缺乳產婦 ✗ 慢性腸炎患者	❶ 孕婦多吃芝麻有益，但也不能過量，因芝麻油脂豐富，會造成體重大幅增加 ❷ 炒過的芝麻較燥熱，口乾舌燥、體質燥熱的人不能多吃	102
	核桃	○ 腦力工作者 高血壓患者 青少年 ✗ 腸胃病患者	❶ 正餐吃得太油膩時，飯後吃幾顆核桃，有助於減輕腸胃負擔、幫助消化 ❷ 吃核桃仁時，最好不要剝掉外皮，才可吃進核桃完整的營養	106

類別	食物名	○ 適用者 ✗ 不適用者	食用方式／料理	本書頁數
雜糧堅果類	綠豆	○ 肥胖者 　壞血病患者 　口腔潰瘍患者 ✗ 體質虛弱者 　兒童 　老年人	❶ 常喝綠豆湯，對於夏天常見的皮膚病有不錯的療效 ❷ 綠豆雖有清熱解毒的功效，但是也不能天天喝，以免體質越來越虛寒	110
	黑豆	○ 女性 　高血壓患者 　心臟病患者 ✗ 嬰兒 　學齡前兒童	❶ 黑豆與杜仲、糙米、排骨等食材一起熬湯，對痴呆症有極佳的食療效果 ❷ 懷孕期間的婦女不建議吃黑豆，但坐月子的婦女可多吃	114
	糙米	○ 肥胖者 　貧血者 　便祕者 　糖尿病患者 ✗ 老年人 　體質虛弱者	❶ 常吃糙米能改善過敏性皮膚病，對兒童常見的濕疹、蕁麻疹，尤有功效 ❷ 糙米含有大量的纖維質，較難消化，腸胃道功能較弱者不宜過量食用	118
	薏仁	○ 體質虛弱者 　消化不良者 ✗ 孕婦 　便祕者 　頻尿者	❶ 薏仁可改善代謝症候群，對於緩解下肢濕疹很有幫助 ❷ 薏仁與綠豆、蓮子一起煮食，可清熱消暑	122
	黃豆	○ 更年期婦女 　便祕患者 　心血管病患者 ✗ 孕婦 　哺乳期婦女	❶ 現代醫學研究證實，每天適量食用黃豆，可抑制乳癌、卵巢癌、攝護腺癌等多種癌症 ❷ 中老年婦女每天喝500c.c.的豆漿，能調節內分泌系統、緩解更年期不適症狀	126
	燕麥	○ 婦女 　脂肪肝患者 　動脈硬化患者 ✗ 腸道敏感者 　皮膚過敏者	❶ 燕麥與松子、核桃、薏仁一起熬煮，有益於美容養顏 ❷ 燕麥最佳的烹調方式是煮粥食用，尤其適合兒童、婦女、脂肪肝患者、動脈硬化患者	130

類別	食物名	○ 適用者 ✗ 不適用者	食用方式／料理	本書頁數
高纖海藻類	紫菜	○ 甲狀腺腫大者 慢性支氣管炎者 ✗ 甲狀腺機能亢進患者	① 烹調紫菜前，應以清水泡發，再換1～2次清水，以有效清除紫菜上的汙染與毒素 ② 早晨起床後，空腹喝1碗紫菜清湯，可緩解便祕	134
高纖海藻類	海帶	○ 糖尿病患者 甲狀腺腫大者 骨質疏鬆患者 ✗ 孕婦 脾胃虛寒者	① 乾海帶應泡水後再烹調，搭配薑絲或味噌煮湯，可以讓人體攝取到充足的膳食纖維 ② 海帶的熱量極低，能排除宿便，用來煮湯或清炒都很適合	138
高纖海藻類	裙帶菜	○ 青少年 肥胖者 甲狀腺腫大者 ✗ 腹瀉者 脾胃虛寒者	① 裙帶菜和魚貝類一起料理，可有效排除毒素和預防高血壓 ② 裙帶菜與動物性肉類搭配食用，可使裙帶菜對膠質和蛋白質的吸收更全面	142
營養奶類	牛奶	○ 兒童 老年人 缺鈣者 ✗ 體質過敏者 腎臟病患者	喝牛奶前，可先吃些餅乾或麵包，延緩牛奶在腸胃停留的時間，有利於腸道的吸收及利用	146
營養奶類	優格	○ 高血壓患者 骨質疏鬆者 老年人 ✗ 消化不良者	優格和新鮮水果搭配食用，不僅吃起來可口，營養還能互補	150

本書功能依個人體質、病史、年齡、用量、季節、性別而有所不同，
若您有不適，仍應遵照專業醫師個別之建議與診斷為宜。

超級排毒食物排行榜

作　　者	陳彥甫
出版統籌	鄭如玲
責任編輯	鍾家華　陳台華
文字編輯	盧炘儀　林雅婷　朱妍曦
編輯協力	張秀穎
特約校對	陳小瑋　楊蕙苓
美術編輯	張承霖　黃蕙珍
食譜攝影	葉仁琛
插畫繪製	康鑑文化創意團隊

出 版 者	萬里機構・得利書局
地　　址	香港鰂魚涌英皇道1065號東達中心1305室
電　　話	2564-7511
傳　　真	2565-5539
發 行 者	香港聯合書刊物流有限公司
地　　址	新界大埔汀麗路36號中華商務印刷大廈3字樓
電　　話	2150-2100
傳　　真	2407-3062
電郵地址	info@suplogistics.com.hk
初版日期	2014年3月　第一次印刷
定　　價	港幣98元
	ISBN 978-962-14-5420-1